ま　え　が　き

「工業化学」は，化学技術の基礎になる“化学”を学ぶ科目である。わたしたちの身のまわりには化学技術によってつくられたものが多くある。身の回りに注意して「あ，これも化学の力でできたものなんだな」と気づいてほしい。そうすれば「工業化学」が身近な親しみやすい科目になるだろう。

化学の勉強をするためには，実験や実習を通じていろいろな物質の性質を知り，物質に興味をもつことが大切である。そして，それとともに，化学の基礎的な原理や化学用語の意味を正しく理解し，また，化学計算の方法なども知らなければならない。そのためには，教科書をしっかり学習する必要がある。

この「工業化学１・２演習ノート」は，実教出版発行の教科書「工業化学 1」（工業 716），「工業化学 2」（工業 717）に準拠している。教科書の学習と並行してこの「演習ノート」を利用することによって，化学の基礎的な内容や重要なポイントを確認し理解を深めていただきたい。

本書の特徴

1. 答えを（　　）に記入する形式の問題を中心としたが，択一式の問題や，文章で答える問題，誤りを正す問題なども適宜加えた。いずれも，教科書の学習結果を確認するような内容になっている。

2. 計算問題はすべて，教科書に載っているものとは別の問題である。また，問題の中には多少程度の高いものもあるが，教科書の問題を解く力があれば必ず解けるはずである。

3. 各ページ右側の⬅印のところに，解答上の注意やヒント，関連知識などを示しているので参考にするとよい。

目 次

第 1 章　物質と化学

1 物質　工業化学 1　p. 12～13

1　右の図をみて次の問いに答えよ。

(1)　物体 A，B，C の名前は何か。

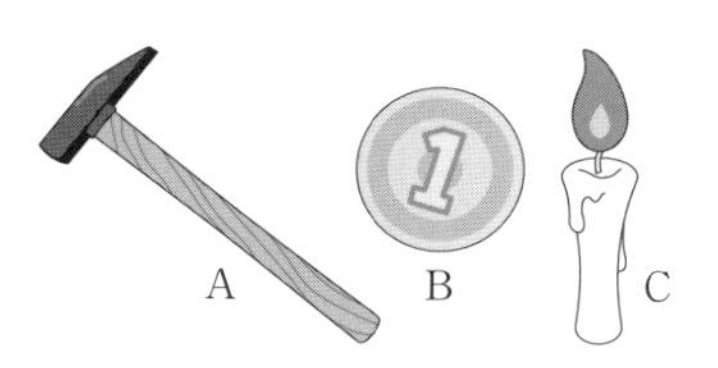

答　A… (1　　　　　　)

B… (2　　　　　　)

C… (3　　　　　　)

(2)　A，B，C はおもにどのような物質でできているか。

答　A… (4　　　) と (5　　　)，B… (6　　　　　　　)

C… (7　　　　　　)

物体をみるたびに「この物体はどんな物質でできているだろうか」と考えるようにしよう。

2　次の物質を純物質と混合物に分けよ。また，混合物をさらに均一混合物と不均一混合物に分けよ。

海岸の砂　　窒素　　海水　　エタノール　　アルミニウム

酒　　粉末洗剤

答　純物質…… (1　　　　　　　　　　　　　　　　)

混合物…… (2　　　　　　　　　　　　　　　　)

均一混合物…… (3　　　　　　　　　　　　)

不均一混合物…… (4　　　　　　　　　　　)

純物質の化学式も，知っていたら書いてみよう。

3　純物質か混合物かを見分ける一つの方法として，その物質のある温度をはかってみることがある。それはどのような温度か。

答　(1　　　　　) または (2　　　　　)

4　右の図の (　　) の中に，下の語から選んで記入せよ。

沪過，蒸留，蒸発

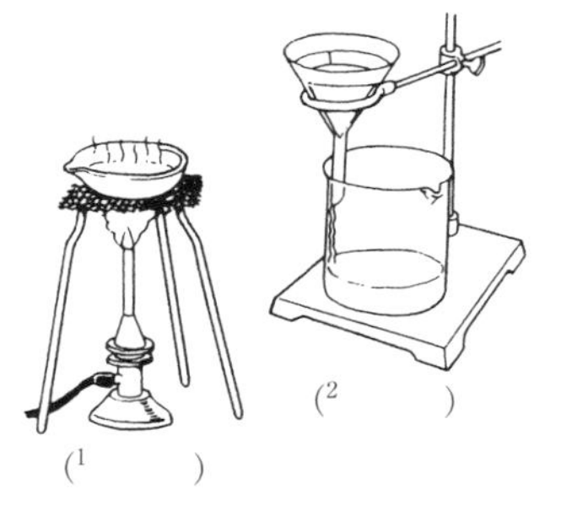

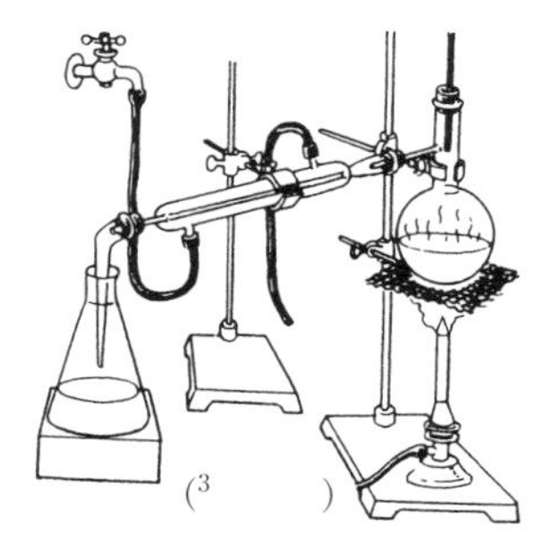

5　**4** の 3 種類の操作は，それぞれどのような場合に使われるか。

[　　　　　　　　　　　　　　　　　　　　　　　　　　　　]

2 元素と原子・分子・イオン　工業化学１　p. 14〜17

1 元素

6　次の文の（　　）の中に適当な語句を記入せよ。

２種類以上の純物質が結合して別の純物質になる現象を（1　　　　）という。これに対して，一つの純物質が２種類以上の純物質に分かれる現象を（2　　　　）という。

➔ それぞれの現象の実例をあげてみよう。

7　知っている元素名と元素記号を，例にならって書け。

例：水素 H

答　（1　　　　），（2　　　　），（3　　　　），（4　　　　）

➔ 中学校の理科で習ったものが，いくつかあるはずである。とりあえず４種類だけ思い出して書いてみよう。

2 単体と化合物

8　次の純物質を単体と化合物に分けよ。

アルミニウム，硫酸，硫黄，エタノール，水素，水，氷，銅

答　単体……（1　　　　　　　　　　　　）

化合物…（2　　　　　　　　　　　　）

9　同素体とは何か。

答　同じ（1　　　　）だけでできた（2　　　　）が２種類以上ある場合，それらを互いに同素体という。

➔ 同素体の例：酸素とオゾン（酸素の同素体），黒鉛とダイヤモンド（炭素の同素体），赤リンと黄リン（リンの同素体）。

3 原子・分子・イオン

10　次の①〜⑤の記述に適する法則を下の(ア)〜(キ)から選べ。

①（　　　）同温・同圧の気体は，同体積中に同数の分子を含む。

②（　　　）一つの化合物の成分元素の質量比は一定である。

③（　　　）元素 X，Y から２種類以上の化合物ができるとき，元素 X の一定質量とそれと化合する元素 Y の質量には簡単な整数比が成り立つ。

④（　　　）化学変化の前後で，物質全体の質量は変わらない。

⑤（　　　）化学変化にあずかる物質が気体であるとき，それらの体積間には簡単な整数比が成り立つ。

(ア)　気体反応の法則　(イ)　定比例の法則　(ウ)　アボガドロの法則　(エ)　ドルトンの原子説

(オ)　倍数比例の法則　(カ)　質量保存の法則　(キ)　アボガドロの分子説

3 原子の構造と電子配置　工業化学 1　p. 18〜26

1 原子の構造

11 次の（　　）の中に適当な語句を，〔　　〕の中に英語を記入せよ。

原子〔1　　　　〕は，中心にある（2　　　　）の電荷をもつ（3　　　　）と，それを取りまく（4　　　　）の電荷をもつ（5　　　　）とで構成されている。

原子核は，最小単位量の正電荷をもつ（6　　　　）という粒子と，電荷をもたない（7　　　　）という粒子からできている。

（8　　　　）の数を，その元素の原子番号といい，（9　　　　）の数と（10　　　　）の数の和を質量数という。

電子〔11　　　　〕の質量は，原子全体の質量に比べて非常に（12　　　　）いので，原子の質量はほぼ（13　　　　）の質量と考えてよい。

12 アルミニウム Al の原子核は，13 個の陽子と 14 個の中性子とからできている。右の元素記号の左上と左下に適当な数を記入せよ。

（1　　　　）
（2　　　　）Al

➔ 元素記号の右下に数字が書いてあったら，それは何を表すだろうか。また，右上に何か書いてあるのはどのような場合だろうか。

13 次の表の（　　）の中に適当な数を記入せよ。

元素名	元素記号	原子番号	陽子の数	中性子の数	質量数
ナトリウム	Na	11	（1　　）	12	（2　　）
リ　ン	P	15	（3　　）	（4　　）	31
コバルト	Co	（5　　）	27	32	（6　　）
ヒ　素	As	（7　　）	33	（8　　）	75

14 次の表の（　　）の中に適当な数を，また，下の(1)，(2)の文の（　　）の中に適当な語句を記入せよ。

元素名	記　号	陽子の数	中性子の数	質量数	存在度
窒素	$^{14}_{7}N$	（1　　）	（2　　）	（3　　）	0.99632
	$^{15}_{7}N$	（4　　）	（5　　）	（6　　）	0.00368
マグネシウム	$^{24}_{12}Mg$	（7　　）	（8　　）	（9　　）	0.7899
	$^{25}_{12}Mg$	（10　　）	（11　　）	（12　　）	0.1000
	$^{26}_{12}Mg$	（13　　）	（14　　）	（15　　）	0.1101

➔ 存在度はこの問いには関係ないが，参考のために示した。存在度は原子の数の比で表してある。

(1) マグネシウム Mg の原子には，中性子の数の異なるもの，つまり（16　　　　）の異なるものが 3 種類ある。これらをマグネシウムの（17　　　　）体または（18　　　　）元素という。窒素の 2 種類の原子についても同様である。

(2) 同じ元素で中性子の数だけが異なる原子は，（19　　　　）的性質が同じなので，化学的な手段では（20　　　　）できない。

2 原子の電子配置

15　第２～３周期の元素について，次の(1)，(2)の問いに答えよ。

(1)　右の図は原子の電子殻を示している。各電子殻の名称と電子の最大数を次の（　　）の中に記入せよ。

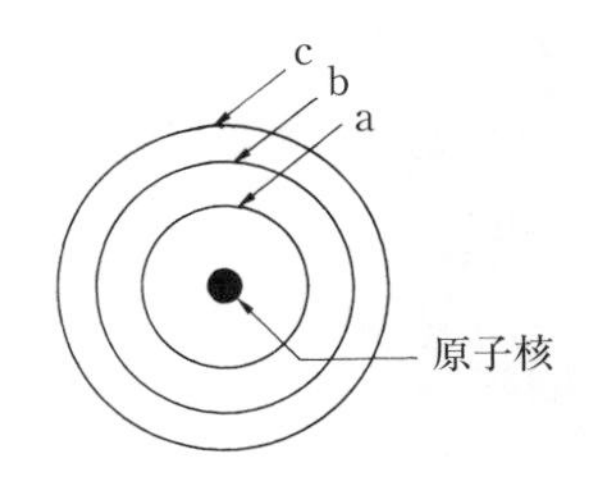

答　a…（1　　　）殻，電子の最大数は（2　　　）個

b…（3　　　）殻，電子の最大数は（4　　　）個

c…（5　　　）殻，電子の最大数は（6　　　）個

(2)　価電子とは何か。

答　原子の最（7　　　）殻の電子が（8　　　）個以下の場合，その電子を価電子という。原子が（9　　　）になったり，原子どうしが（10　　　）したりするのは，おもに価電子の働きによって決まる。

➡ 殻（shell）には貝がらという意味があり，電子が立体的に原子核を取り巻いているようすを表している。

16　次の図は原子の電子配置図（ボーアの原子モデル）である。抜けている元素の電子配置図を囲みの中に書け。

●……原子核
○……価電子 ｝電子
●………………

第１周期　$_{1}H$　$_{2}He$

第２周期　$_{3}Li$　$_{4}Be$　$_{5}B$　1 $_{6}C$　$_{7}N$　$_{8}O$　2 $_{9}F$　$_{10}Ne$

第３周期　3 $_{11}Na$　$_{12}Mg$　$_{13}Al$　$_{14}Si$　4 $_{15}P$　$_{16}S$　$_{17}Cl$　5 $_{18}Ar$

17　次の表は第１～５周期の貴ガスの電子配置を示す。（　　）の中に適するものを記入せよ。

周期	元素名	元素記号	原子番号	電子殻				
				K	L	M	N	O
1	ヘリウム	（1　　）	（2　　）	2				
2	（3　　）	（4　　）	10	（5　　）	（6　　）			
3	（7　　）	（8　　）	（9　　）	（10　　）	（11　　）	（12　　）		
4	クリプトン	（13　　）	36	（14　　）	（15　　）	（16　　）	（17　　）	
5	（18　　）	Xe	54	2	8	18	18	8

18　次のイオンの電子配置はどの貴ガスの電子配置と同じか。

（例）　Ne^{+}…（Ne）

Br^{-}…（1　　　），K^{+}…（2　　　），O^{2-}…（3　　　）

Mg^{2+}…（4　　　），Ca^{2+}…（5　　　）

➡ 元素の周期表をみて判断せよ。

3 元素の性質と周期表

19 次の表は，教科書「工業化学1」見返しの元素の周期表の第1～3周期だけを簡略化したものである。(　　) 内に元素記号を記入せよ。

周期＼族	1	2	13	14	15	16	17	18
1	H							(1　　)
2	Li	(2　　)	(3　　)	(4　　)	(5　　)	(6　　)	(7　　)	(8　　)
3	Na	(9　　)	(10　　)	(11　　)	(12　　)	(13　　)	(14　　)	Ar
4	K	Ca						

➜ 化学は決して暗記科目ではないが，どんな科目にも暗記しなければならないことは必ずある。この第1～4周期の周期表は，覚えておけば大変便利なものであるから，しっかり覚えるようにしよう。

20 下の (　　) 内に，適する語句を記入せよ。

元素を原子番号の順に並べ，化学的性質の似た元素が縦にそろうようにしてできる表を (1　　　　) といい，横の行を (2　　　　)，縦の列を (3　　　　) という。また，同じ縦の列に並んだ元素の集まりを (4　　　　) といい，とくに水素原子を除く1族元素を (5　　　　)，17族元素を (6　　　　)，18族元素を (7　　　　) という。

4 物質を表す式 工業化学1 p. 27～29

1 分子式・構造式・モデル

21 次の表にアンモニア NH_3 と塩化水素 HCl の構造式および分子モデル（分子模型）を書け。ただし，窒素N，水素H，塩素Clの原子価はそれぞれ3，1，1である。

	アンモニア	塩化水素
分　子　式	NH_3	HCl
構　造　式	(1　　)	(2　　)
分子モデル（分子模型）	(3　　)	(4　　)
	(5　　)	(6　　)

➜ N，H，Clの原子の大きさは，Cl > N > H の順である。Nの原子価は3価で，その三つの結合の手が互いにほぼ直角になっているように書けばよい。

➜ 分子モデルには，下の図のように2種類の型がある。両方とも書いてみよう。

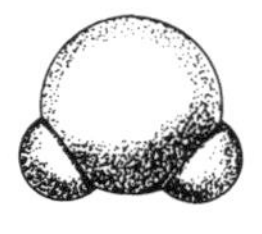

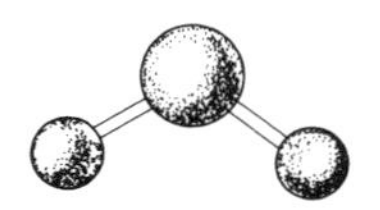

22　次の化合物の下線を付けた原子の原子価は，それぞれいくらか。

$\underline{P}H_3$　$\underline{C}O_2$　$\underline{K}Cl$　$\underline{Al}_2O_3$　$\underline{Mg}Cl_2$

答　P…（1　　　　）価，C…（2　　　　）価，K…（3　　　　）価，
Al…（4　　　　）価，Mg…（5　　　　）価

2　イオン式と組成式

23　次の用語の英語を〔　　〕内に記入せよ。

答　イオン〔1　　　　〕，陽イオン〔2　　　　〕，陰イオン〔3　　　　〕

24　次の表の（　　）の中に名称またはイオン式を記入せよ。

名称	イオン式	名称	イオン式
アンモニウムイオン	（1　　　）	（2　　　）	SO_4^{2-}
（3　　　）	Mg^{2+}	水酸化物イオン	（4　　　）
カルシウムイオン	（5　　　）	（6　　　）	CO_3^{2-}
（7　　　）	Al^{3+}	（8　　　）	PO_4^{3-}

25　次の文の（　　）の中に適当な語句を記入せよ。

食塩は化学名を（1　　　　　　）といい，NaCl という式で表されるが，NaCl という独立した（2　　　　）は存在しない。

したがって，NaCl という式は（3　　　　）式ではなく，食塩の（4　　　　）式である。

26　次の化合物の組成式を（　　）の中に書け。

炭酸ナトリウム　（1　　　），　硝酸アンモニウム　（2　　　）
硫酸カルシウム　（3　　　），　塩化アルミニウム　（4　　　）
硝酸カルシウム　（5　　　），　水酸化カリウム　（6　　　）

➡ 各化合物を構成している陽イオンと陰イオンのイオン式も書いてみよう。

27　次の組成式で表される化合物の名称を（　　）の中に書け。

$Ca(OH)_2$　（1　　　　　），　NH_4Cl　（2　　　　　）
$CaCO_3$　（3　　　　　），　$MgSO_4$　（4　　　　　）
$NaNO_3$　（5　　　　　），　K_2CO_3　（6　　　　　）

➡ 各化合物を構成しているイオンの名称も書いてみよう。

5 化学結合　工業化学１　p. 30〜39

28　ナトリウム原子と塩素原子とが結合するしくみは次のようである。(1)，(2) の問いに答えよ。

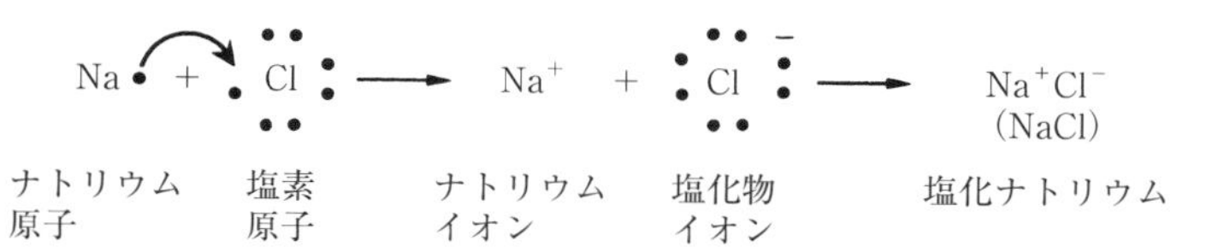

(1)　このような結合を何というか。

答　(1　　　　) 結合

(2)　上の例にならって，カリウム原子とフッ素原子との結合のしくみを示せ。

答　(2

)

29　二つの水素原子が結合するしくみは次のようである。

$$H\cdot + \cdot H \longrightarrow H:H$$

このような結合を何というか。

答　(1　　　　) 結合

30　次の表は，電子式と構造式による共有結合の表し方を示したものである。(　　) の中に適当な電子式または構造式を記入せよ。

	アンモニア	水	酸素	メタン	窒素
分子式	NH_3	H_2O	O_2	CH_4	N_2
電子式	H : N̤̈ : H H	(1　　)	(2　　)	(3　　)	: N ⁝⁝ N :
構造式	(4　　)	H—O │ H	(5　　)	H │ H—C—H │ H	(6　　)

31　次の (　　) の中に適当な語句を記入せよ。

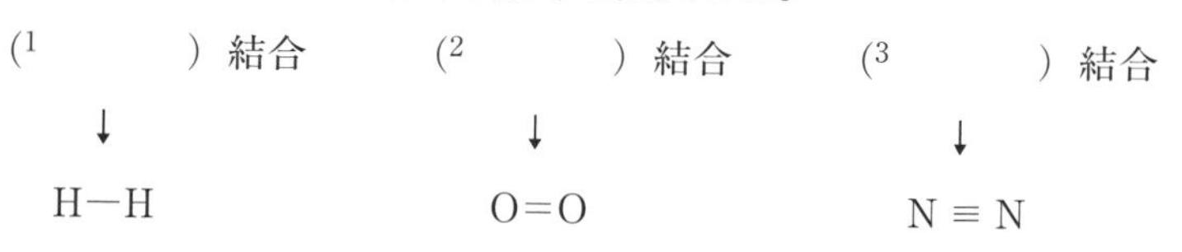

(1　　　　) 結合　　(2　　　　) 結合　　(3　　　　) 結合

↓　　↓　　↓

H—H　　O=O　　N≡N

➔ 原子間の結合を示す線を価標という。

32　次の文の（　　）の中に適当な語句を記入せよ。また，〔　　〕の中に下の〔　　〕の中から適当な値を選んで記入せよ。

原子どうしの共有結合の角度を（1　　　　）といい，水の分子のH—O—Hの角度は約〔2　　　〕である。また，原子の原子核間の距離，すなわち中心から中心までの距離を（3　　　　）といい，水のH—Oの距離は約〔4　　　　〕である。

〔25°　　65°　　105°　　145°〕

〔10 nm　　1 nm　　0.1 nm　　0.01 nm〕

➜ 非常に小さい長さ（距離）は μm や nm などの単位で表されることが多い。これらの単位はどのような大きさであるか，しっかり覚えておこう。
$1\,\mu m = 10^{-6}\,m$
$1\,nm = 10^{-9}\,m$

33

(NaCl)　Na^+　Cl$^-$
(a)　イオン結合

(Cl_2)　Cl　Cl
(b)　共有結合

(HI)　H$^{(+)}$　I$^{(-)}$
(c)　イオン結合と共有結合との中間

上の図は，イオン結合の性質と共有結合の性質の強弱を説明している。(a)，(b)，(c)のそれぞれについて，左の元素と右の元素の電気陰性度を下の図から調べ，電気陰性度の差を求めてみよ。

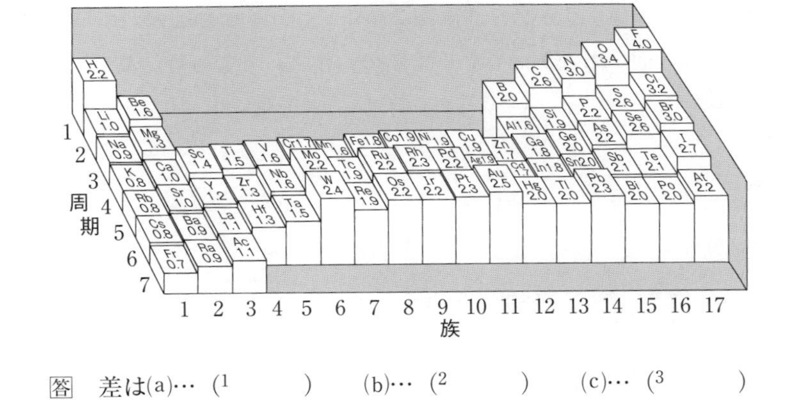

答　差は(a)…（1　　　）　(b)…（2　　　）　(c)…（3　　　）

➜ 電気陰性度の差とイオン結合性の強さとの関係は，およそ次のようである。

差	イオン結合性
0.0	0 %
0.4	4
0.8	15
1.2	30
1.6	47
2.0	63
2.4	76
2.8	86
3.2	92

34　次の元素を電気陰性度の大きい順に並べよ。

N　　Na　　O　　F　　H

答　（1　）＞（2　）＞（3　）＞（4　）＞（5　）

➜ 電気陰性度の差から判断しよう。

35 次の化学式をもつ物質のうち，イオン結合性の強い物質が二つある。それはどれとどれか。

H_2　NaF　PH_3　F_2　CS_2　$CaCl_2$

答 ([1]　　　　　　)

36 次の物質の電子式の中に非共有電子対があれば，それを○で囲め。

(1)
```
   ‥
H：N：H
   ‥
   H
```
(2)
```
   ‥
H：O：
   ‥
   H
```

37 次の文の（　　）の中に適当な語句を記入せよ。

(1) アンモニアと ([1]　　　　) が結合すると ([2]　　　　) イオンができる。これは，アンモニアの ([3]　　　) 原子が自分のもつ ([4]　　　　) を供与して，([5]　　　　) との間に ([6]　　　) 結合をつくるためで，このように，共有される電子２個が一方の原子から供与される結合をとくに ([7]　　　) 結合という。

(2) 酸素と水素の ([8]　　　　) はかなり差がある。そのため，水の分子には ([9]　　　　) があり，水の分子と分子の間には ([10]　　　) 結合が形成される。

(3) ヨウ素 I_2，パラフィン，ナフタレンなどの分子には極性はないが，分子と分子の間には ([11]　　　　　　) 力とよばれる弱い力が働いている。この力によってできる結晶は ([12]　　　　) 結晶とよばれ，一般に ([13]　　　　) く，容易に ([14]　　　　) し，また昇華するものが多い。

(4) 金属の結晶の中には，([15]　　　　) 電子とよばれる電子があって，これが金属 ([16]　　) イオンを結び付けている。この結合を ([17]　　　　) 結合という。金属が ([18]　　　　) や熱をよく導くのはこの ([19]　　　　) 電子の働きによる。

38 次の物質のうち，分子と分子の間で水素結合を形成するもの二つを○で囲め。

➔ 電気陰性度の値から判断しよう。

NH_3　H_2Te　H_2O　PH_3

39 左は結晶の種類，右は結晶の例である。対応するものを線で結べ。

イオン結晶　・	・パラフィン，ヨウ素
分子結晶　・	・水晶，ダイヤモンド
共有結合結晶・	・塩化ナトリウム

40　固体は一般に結晶とアモルファスに分けられる。次の問いに答えよ。

➡ アモルファスは無定形物質ともいうので，覚えておこう。

(1)　固体を加熱した場合，結晶とアモルファスにはどんな違いがあるか。

答　結晶ははっきりした（1　　　）を示すのがふつうであるが，アモルファスはしだいに（2　　　）くなり，はっきりした（3　　　）を示さない。

(2)　次の固体のうち，アモルファスを○で囲め。

水晶　　ガラス　　プラスチック　　塩化ナトリウム

41　一定の大きさの多数の球が，互いに接し合って，右の図のような単純立方格子を形づくっている。球の占める体積は，(b) の立方体の体積の何％か。

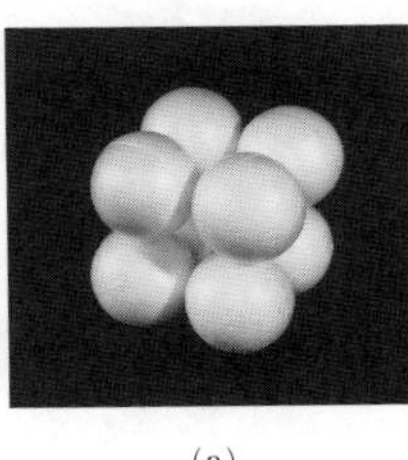
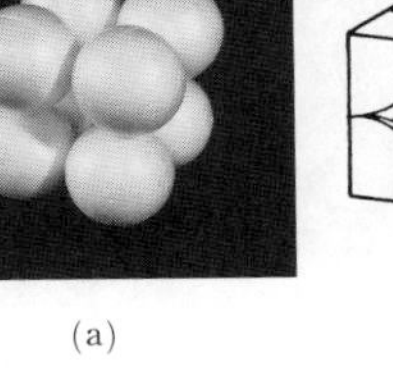
(a)

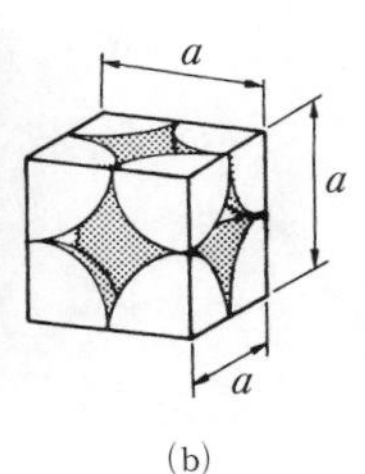

(b)

解　右の図(b) の立方体の一辺の長さを a とすれば，立方体の体積は（1　　　）である。この立方体の１個の中には，球の$\frac{1}{8}$が８個含まれているから，結局１個の球が含まれていることになり，その体積は，

$$\frac{(^2\qquad)}{6} = (^3\qquad)$$

ゆえに，球の占める体積の割合は（4　　　）％である。

➡ 半径 r，直径 D 球の体積 $= \frac{4}{3}\pi r^3 = \frac{\pi D^3}{6}$

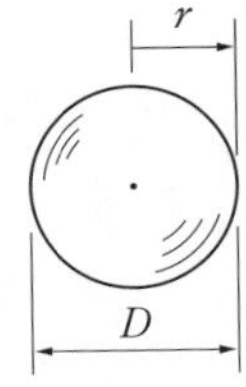

第2章　物質の変化と量

1 物質の変化　工業化学1　p. 44～45

1　水蒸気・水・氷は，水の三つの状態である。この三つの状態を一般的にはそれぞれ何というか。また，その英語も書け。

➔ これらの英語は日常生活でも使われることがある。

状　態	英　語
気体	(1　　　)
(2　　　)	(3　　　)
(4　　　)	(5　　　)

2　次の文の（　　）の中に適当な語句を記入せよ。

水が氷や水蒸気に変わるような変化のしかたを（1　　　）変化または（2　　　）変化という。また，水が氷に変わったりガラスが割れたりバネが伸びたりするように，状態や形だけが変化するのを（3　　　）変化といい，これに対して，ろうそくが燃えたり水が電気分解されたりするように，ある物質が別の物質に変わってしまうような変化を（4　　　）変化という。

3　3本の試験管に，それぞれパラフィン，砂糖，ショウノウを入れて緩やかに加熱し，次にこれを冷却した。この実験の結果，試験管は右の図のようになった。次の問いにA，B，Cで答えよ。

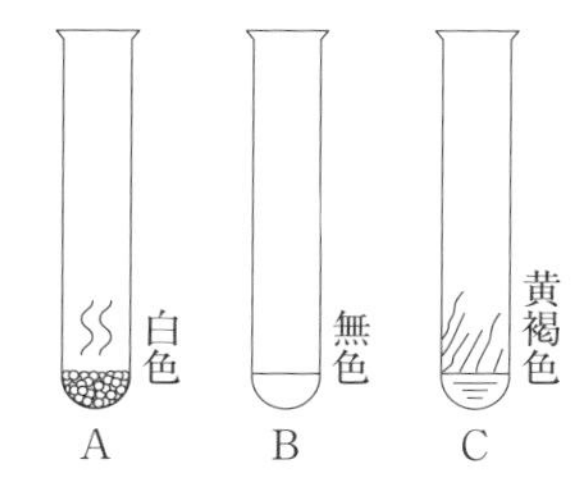

➔ パラフィンでつくられたろうそくが燃えた場合と，試験管の中でパラフィンが緩やかに加熱された場合との違いに注意すること。

(1)　各物質を入れたのはどの試験管か。

答　パラフィン　(1　　　)　　砂糖　(2　　　)

　　ショウノウ　(3　　　)

(2)　化学変化が起こったのはどの試験管か。　　答　(4　　　)

■豆知識■

江戸時代末期の日本では，「化学」は，オランダ語のchemieを音訳して「舎密（せいみ）」とよばれていた。日本最初の体系的化学書は『舎密開宗（せいみかいそう）』(1837～1847年刊，全21巻）であるが，この本は，1801年にイギリスのW.ヘンリーが著した“An Epitome of Chemistry”という本のドイツ語訳をオランダのA.イペイがオランダ語に訳したものを，日本の宇田川榕菴（ようあん）が日本語に訳し，他の書物の記述も取り入れ，自分の研究の結果も加えて書き上げたものである。この本で榕菴が用いている用語の中には，今日でも使われているものが少なくない。「舎密」は，1860年ごろからしだいに「化学」という用語に変わった。

2 化学反応式　工業化学１　p. 46〜48

1 反応系と生成系

4　$CH_4 + 2O_2 \longrightarrow CO_2 + 2H_2O$ の反応の反応系と生成系の物質はそれぞれ何か。化学式で答えよ。

答　反応系…（1　　　　）と（2　　　　）
生成系…（3　　　　）と（4　　　　）

2 化学反応式

5　次の反応の化学反応式を書け。

(1) プロピレン C_3H_6 が燃えて CO_2 と H_2O になる反応。
(2) ホルムアルデヒド HCHO が燃えて CO_2 と H_2O になる反応。
(3) 水 H_2O が電気分解されて H_2 と O_2 になる反応。

➔ プロピレンやホルムアルデヒドは聞きなれない物質名かもしれないが，ここでは化学反応式の係数の付けかたをまず理解しよう。

解 (1) まず係数のことは考えないで，化学反応式を書いてみる。

(a) $C_3H_6 + O_2 \longrightarrow CO_2 + H_2O$

C_3H_6 の係数を１と仮定し，反応が完全に進行するものとして CO_2 と H_2O に係数を付ける。

(b) $C_3H_6 + O_2 \longrightarrow$（5　）$CO_2$ +（2　）H_2O

次に，必要な酸素原子 O の数を数えると（3　）であるから，O_2 の係数は（4　）となるが，係数を整数にするために式全体に（5　）を掛けて，化学反応式が完成する。

(c)（6　）C_3H_6 +（7　）O_2
$\longrightarrow$（8　）CO_2 +（9　）H_2O

➔ 化学反応式を書き上げたら，→印の左右で各原子の数が等しいかどうかを，必ず確認する習慣を付けること。

(2) 上と同じ手順で書いてみよう。

(a) $HCHO + O_2 \longrightarrow CO_2 + H_2O$

(b) $HCHO + O_2 \longrightarrow$（10　　）$CO_2$ +（11　　）H_2O

必要な酸素原子 O の数は（12　　）個であるが，そのうちの１個は HCHO がもっているから，O_2 の係数は（13　　）でよい。したがって，求める化学反応式は，

(c)（14　　　　　　　　　　　　）

(3) まず，係数を考えずに書いてみる。

$H_2O \longrightarrow H_2 + O_2$

→印の左右の原子数が一致するような係数を付ければ，

（15　　　　　　　　　　　　）

【別の解き方】

(1) 係数をそれぞれ a, b, c, d とおいて化学反応式を書いてみる。

$$a C_3H_6 + b O_2 \longrightarrow c CO_2 + d H_2O$$

次に，C，H，O について反応系と生成系の数が等しいことから，

C：(16　　　) a = c　　　　……①

H：(17　　　) a = (18　　　) d　　……②

O：(19　　　) b = (20　　　) c + d　……③

c = 3a，d = 3a を③の式に代入すると，

$2b = 2 \times 3a + 3a$

b = (4　　　) a

となり，係数は最も簡単な整数比で表すので，

a：b：c：d = (6　　　)：(7　　　)：(8　　　)：(9　　　)

となる。

したがって，求める化学反応式は，

(6　　　) C_3H_6 + (7　　　) $O_2 \longrightarrow$ (8　　　) CO_2 + (9　　　) H_2O

となる。

3 化学式と物質の量　工業化学 1　p. 49〜58

1 原子量

6 現在，原子量の基準となっているのは何の質量か。

答 質量数が（1　　　）の（2　　　）原子の質量である。

7 次の元素の原子量の概数（小数第 1 位まで）を書け。

水素 H　…（1　　　）　炭素 C　…（2　　　）

窒素 N　…（3　　　）　酸素 O　…（4　　　）

ナトリウム Na …（5　　　）　硫黄 S　…（6　　　）

塩素 Cl　…（7　　　）　カリウム K …（8　　　）

カルシウム Ca …（9　　　）

➔ 化学の計算問題によく出てくる元素だから，原子量の概数を暗記しておこう。

8 次の文の（　　）の中に適当な語句または記号を記入せよ。

統一原子質量単位とは，（1　　　）が 12 の（2　　　）原子の質量の $\frac{1}{12}$ であって，これを 1（3　　　）で表す。

➔ 統一原子質量単位 $= 1.660\,539\,040 \times 10^{-27}$ kg

➔ 3 は単位記号を入れる。

9　次の表の同位体の原子の質量と同位体の存在度から，リチウムと銅の原子量を計算し，それぞれ表の右端の原子量と一致するかどうか確かめよ。

➔ 答えは小数第４位を四捨五入せよ。

元素名	同位体の記号	同位体の原子の質量［u］	同位体の存在度（原子数の比）	原子量
リチウム	${}^{6}_{3}Li$ ${}^{7}_{3}Li$	6.0151 7.0160	0.075 0.925	6.941
銅	${}^{63}_{29}Cu$ ${}^{65}_{29}Cu$	62.9296 64.9278	0.6917 0.3083	63.546

解　同位体の原子の質量と存在度を掛けて加え合わせると，

リチウムの原子量＝（1　　　）×（2　　　）＋（3　　　）×（4　　　）

＝（5　　　）

銅の原子量＝（6　　　）×（7　　　）＋（8　　　）×（9　　　）

＝（10　　　）

2　分子量と式量

10　次の物質の分子量を求めよ。

➔ 以下の計算は，原則として原子量の概数（小数第１位まで）を用いること。

過酸化水素 H_2O_2　一酸化窒素 NO　硫化水素 H_2S

二酸化硫黄 SO_2　二硫化炭素 CS_2　四塩化炭素 CCl_4

解　H_2O_2 …（1　　　）×２＋（2　　　）×２＝（3　　　）

NO …＝（4　　　）

H_2S …＝（5　　　）

SO_2 …＝（6　　　）

CS_2 …＝（7　　　）

CCl_4 …＝（8　　　）

11　次の物質の式量を求めよ。

➔ 分子量も式量も，求め方はまったく同じである。

塩化カルシウム $CaCl_2$　水酸化カリウム KOH

炭酸ナトリウム Na_2CO_3　塩化アンモニウム NH_4Cl

硝酸ナトリウム $NaNO_3$　硫酸アンモニウム $(NH_4)_2SO_4$

解　$CaCl_2$ …（1　　　）＋（2　　　）×２＝（3　　　）

KOH …＝（4　　　）

Na_2CO_3 …＝（5　　　）

NH_4Cl …＝（6　　　）

$NaNO_3$ …＝（7　　　）

$(NH_4)_2SO_4$ …＝（8　　　）

3 物質量

12 次の文の（　　）の中に適当な文字を，また［　　］の中に適当な単位を記入せよ。

原子 6.02×10^{23} 個の集まりを（1　　　　）1［2　　　　］，分子 6.02×10^{23} 個の集まりを（3　　　　）1［4　　　　］という。物質の量を表すには（5　　　　）の単位である g，［6　　　　］，（7　　　　）の単位である mol が用いられる。

➔ 10^{23} とは
100 000 000 000 000 000 000 000
（0 が 23 個）
のことである。

13 12.011 g の炭素の原子を，1 mm 目の方眼紙のます目の上に 1 個ずつ並べるとしたら，全部並べるためにどれくらいの大きさの方眼紙が必要になるか。方眼紙が正方形であるとして，1 辺の長さ［km］を求めよ。

解　炭素 12.011 g は（1　　　　）個の炭素原子の集まりである。
これだけの数のます目のある 1 mm 目の方眼紙の 1 辺の長さは，
$\sqrt{(^{2}\qquad\qquad)}$ mm ＝（3　　　　）mm
で，これを km に換算すると（10^6 mm ＝ 1 km）
（4　　　　）km
である。

➔ アボガドロ定数は，想像もつかないほど大きい数であることを，このような計算をすることで感じ取ってほしい。

➔ 地球から月までの距離は約 3.8×10^5 km である。比べてみよう。

14 次の物質各 1 mol の質量はそれぞれ何 g か。（　　）の中に記入せよ。

C …（1　　　　）　　Fe …（2　　　　）
Al …（3　　　　）　　NH_3 …（4　　　　）
CH_4 …（5　　　　）　　C_2H_6 …（6　　　　）
HNO_3 …（7　　　　）　　$CaSO_4$ …（8　　　　）
SO_4^{2-} …（9　　　　）　　Mg^{2+} …（10　　　　）

➔ 数量が正しくても，単位 g がなければ正解ではない。

15 次の物質がそれぞれ 100 g ずつある。この中で物質量が最も大きいのはどれか。a，b，c の記号で答えよ。

a. $CaCO_3$　　b. K_2CO_3　　c. Na_2CO_3

答　（1　　　　）

➔ 大小の比較だけなので，正確な計算をしなくても，Ca，K，Na の原子量さえ知っていれば簡単に解ける。

16　グラス（コップ）の中に180 gの水が入っている。この水を海中に注ぎ，世界中の海水と均一に混ぜ合わせた（そんなことが実際にできるわけではないが，仮にできたとしよう）。

次に，もとのグラスで海水を180 gだけくみ上げた。その中に，最初に注ぎ込んだ水の分子が何個含まれているか。ただし，世界中の海水の総量を1.4×10^{21} kgとする。

解　180 gの水は，水の分子（1　　　　）molにあたる。その中の水の分子の個数は$6.02 \times 10^{23} \times$（2　　　　）個である。これが世界中の海の水に混ざり，そのうちの180 g（すなわち0.180 kg）だけ取り出されたのだから，その中のもとの分子の個数は，

$$6.02 \times 10^{23} \times (^{3}\qquad) \times \frac{0.180}{1.4 \times 10^{21}} = (^{4}\qquad)$$

➡ この問題も，アボガドロ定数の巨大さを示すものである。

4　気体 1 molの体積

17　次の気体の体積は0℃，101.3 kPa（1 atm）で何Lか。

(1)　塩素Cl_2　164 g

(2)　アセチレンC_2H_2　91.0 g

解　(1)　塩素Cl_2の分子量は（1　　　　）であるから，塩素Cl_2の物質量は，

$$\frac{164}{(^{2}\qquad)} = (^{3}\qquad)\ [\text{mol}]$$

ゆえに塩素の体積は，

$$22.4 \times (^{4}\qquad) = (^{5}\qquad)\ [\text{L}]$$

(2)　アセチレンの分子量は（6　　　　）であるから，アセチレンの物質量は，

$$\frac{91.0}{(^{7}\qquad)} = (^{8}\qquad)\ [\text{mol}]$$

ゆえにアセチレンの体積は，

$$(^{9}\qquad) \times (^{10}\qquad) = (^{11}\qquad)\ [\text{L}]$$

18　0℃，101.3 kPaの二酸化炭素CO_2，10.0 Lの質量は何gか。

解　二酸化炭素の分子量は（1　　　　）であるから，（2　　　　）gの二酸化炭素の体積は0℃，101.3 kPaで22.4 Lである。したがって10.0 Lの質量は，

$$(^{3}\qquad) \times \frac{10.0}{22.4} = (^{4}\qquad)\ [\text{g}]$$

➡ これからあとの計算問題の答えは，原則として有効数字を3けたとすればよい。
つまり，電卓などで計算して，たとえば，
　2.309 859 155
というような答えが出たら，4けた目を四捨五入して，
　2.31
という3けたの答えとするのである。
ただし，
　0.023 098 591
のように0.……で始まる値の場合には，答えは0.02ではなく，0以外の数字から数えて3けたを取り，
　0.0231
とする。

5 化学反応式と物質の量

19 エチレン C_2H_4 100 L を完全燃焼させるには，同温同圧の酸素が何 L 必要か。

解 まず，化学反応式を書く。

C_2H_4 + (1　　) O_2 ⟶ (2　　) CO_2 + (3　　) H_2O

係数から O_2 は C_2H_4 の体積の (4　　) 倍必要なことがわかるから，エチレン 100 L に対して酸素は (5　　) L 必要である。

20 硫黄 S 12.5 g が燃焼すると，二酸化硫黄 SO_2 が何 g 生じるか。

解

化学反応式	S	+	O_2	⟶	SO_2
物質量の比	1 mol		1 mol		1 mol
質量の比	32.1 g 12.5 g		32.0 g		64.1 g x [g]

$$\frac{12.5}{32.1} = \frac{x}{64.1}$$ が成り立つから，これを解いて

$$x = \frac{12.5 \times 64.1}{32.1} = (^1\quad) \text{ [g]}$$

➡ $12.5 : x = 32.1 : 64.1$ という比例式を立てて $x \times 32.1 = 12.5 \times 64.1$ とし，これを解いてもまったく同じである。なお，次に別の解き方も示した。

【別の解き方】 硫黄 12.5 g は何 mol にあたるかを求めると，

$$\frac{12.5}{32.1} = 0.389 \text{ [mol]}$$

反応式によれば，硫黄 1 mol から二酸化硫黄 1 mol を生じるので，硫黄 0.389 mol からは二酸化硫黄 0.389 mol を生じる。したがって，この数値に二酸化硫黄の分子 1 mol の質量 64.1 g を掛ければ，生じる二酸化硫黄の質量が求められる。

$x = 0.389 \times 64.1 = (^2\quad)$ [g]

➡ 前の解き方と比べると，計算を 2 回に分けて行っているだけで，結局同じ計算をしていることがわかる。答えが前の答えとぴったり合わないのは，途中で四捨五入をしているからである。

21 メタノール CH_3OH 100 g を完全燃焼させるのに必要な 0℃，101.3 kPa の空気の体積を求めよ。

解

化学反応式	$2\,CH_3OH$	+	$3\,O_2$	⟶	(1　　) CO_2	+	(2　　) H_2O
物質量の比	2 mol		3 mol		(3　　) mol		(4　　) mol
質量の比	2 × (5　　) g 100 g		3 × (6　　) L (0℃，101.3 kPa) x [L] (0℃，101.3 kPa)				

$$\frac{100}{(^7\quad)} = \frac{x}{(^8\quad)}$$ であるから，$$x = \frac{100 \times (^9\quad)}{(^{10}\quad)} = (^{11}\quad) \text{ [L]}$$

空気の体積は $105 \times \dfrac{100}{(^{12}\quad)} = (^{13}\quad)$ [L]

22　マグネシウム Mg に塩酸を加えると水素が発生する。

$Mg + 2HCl \longrightarrow H_2 + MgCl_2$

(1)　$MgCl_2$ の名称を書け。

(2)　マグネシウム 1.00 g から発生する水素の体積は 0 ℃，101.3 kPa で何 L か。

解　(1)　(1　　　　　)

(2)

化学反応式	Mg	+ 2HCl	⟶ H_2	+ $MgCl_2$
物質量の比	1 mol	2 mol	1 mol	1 mol
質量の比	(2　　　) g 1.00 g		(3　　　) L（0 ℃，101.3 kPa） x [L]	

$$\frac{1.00}{(^{4}\quad\quad)} = \frac{x}{(^{5}\quad\quad)}$$ であるから，

$$x = \frac{1.00 \times (^{6}\quad\quad)}{(^{7}\quad\quad)}$$

$= (^{8}\quad\quad)$ [L]

➔ これも **20** と同様に，
1.00 : x = (　　) : (　　)
という比例式を立てて解いてもよいし，【別の解き方】のようにして解いてもよい。次の **23** についても同様である。

23　酸化銀 Ag_2O を加熱すると，分解して銀 Ag と酸素 O_2 が生じる。酸素 1.00 L（0 ℃，101.3 kPa）を得るためには，酸化銀を何 g 分解させればよいか。また，そのとき銀は何 g 生じるか。

➔ 酸化銀は高価だから，この方法で酸素を得るのは実用的ではない。

解

化学反応式	$2Ag_2O$	⟶ $4Ag$	+ O_2
物質量の比	2 mol	4 mol	+ 1 mol
質量の比	2 × (1　　　) g x [g]	4 × (2　　　) g y [g]	(3　　　) L（0 ℃，101.3 kPa） 1.00 L（0 ℃，101.3 kPa）

酸化銀の必要量は，

$$\frac{x}{(^{4}\quad\quad)} = \frac{1.00}{(^{5}\quad\quad)}$$ を解いて，

$$x = \frac{1.00 \times (^{6}\quad\quad)}{(^{7}\quad\quad)}$$

$= (^{8}\quad\quad)$ [g]

生じる銀の量は，

$$\frac{y}{(^{9}\quad\quad)} = \frac{1.00}{(^{10}\quad\quad)}$$ を解いて，

$$y = \frac{1.00 \times (^{11}\quad\quad)}{(^{12}\quad\quad)}$$

$= (^{13}\quad\quad)$ [g]

4 水と空気　工業化学１　p. 59〜65

24 次の（　　）の中に適当な句語を，化学反応式の（　　）内に係数，〔　　〕内には化学式を入れよ。

(1) 水は，ナトリウムとは常温で激しく反応し，鉄とは赤熱状態で反応して，ともに（1　　　　）を発生する。

（2　　）〔3　　　〕＋（4　　）H_2O ⟶（5　　）NaOH ＋ H_2

（6　　）〔7　　　〕＋（8　　）H_2O ⟶ Fe_3O_4 ＋（9　　）H_2

➜ 各原子について，反応前と反応後で原子数が等しくなるように係数を付ける。

(2) 水は，炭素と赤熱状態で反応して（10　　　　）と（11　　　　）の混合気体を生じる。この混合気体を（12　　　　）ガスという。

C ＋ H_2O ⟶〔13　　　〕＋〔14　　　〕

(3) 酸化カルシウムに水を加えると（15　　　　）を生じる。

〔16　　　〕＋ H_2O ⟶〔17　　　〕

➜ 金属の酸化物は水と反応して水酸化物（塩基）を生じる。工業化学１ p. 141 参照。

(4) 三酸化硫黄に水を加えると（18　　　）を生じる。

〔19　　　〕＋ H_2O ⟶〔20　　　〕

➜ 非金属の酸化物の場合は酸を生じる。

25 下の図は，水の状態の変化と温度，熱量の関係を示す。（　　）の中に適当な語句または数値を入れよ。

(1) 水の（1　　　　）(mp) は 101.3 kPa において（2　　　　）℃ で，（3　　　　）(bp) は 101.3 kPa において（4　　　　）℃ である。

➜ mp = melting point
bp = boiling point

(2) 図中の 6.01 kJ/mol は，水の（5　　　　）熱で，40.7 kJ/mol は，水の（6　　　　）熱である。

(3) 水の比熱容量（比熱）は 4.18 J/(g・K) である。
これは，水 1 g の温度を（7　　　　）K 上昇させるのに 4.18 J の熱が必要であることを表している。

(4) 水の密度は，4 ℃ で（8　　　　）g/cm³ である。氷の密度は水の密度より（9　　　　）い。

➜ 氷は湖水の表面から張っていくので魚は生存できる。

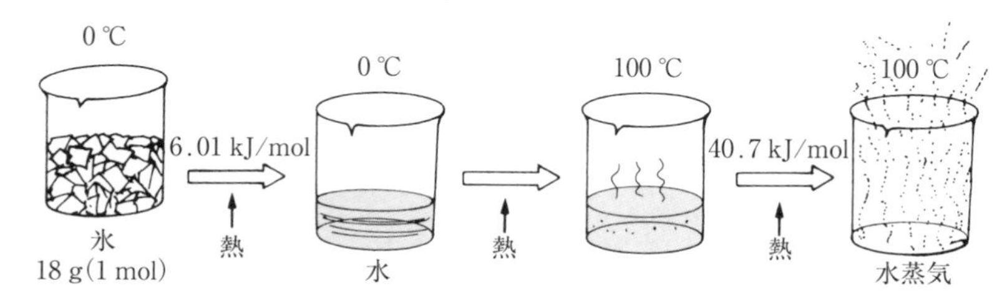

➜ 0 ℃ の水 1 mol を 100 ℃ の水にするのに必要な熱量は，4.18 × 18 × 100 = 7524 J になる。

26　次の図，および文の（　　）の中に，＋，－または語句を入れよ。

水の分子構造は右の図のように，水素原子は少し（1　　　）の電荷を，酸素原子は少し（2　　　）の電荷を帯びている。このように電子の偏りを分子の（3　　　）という。

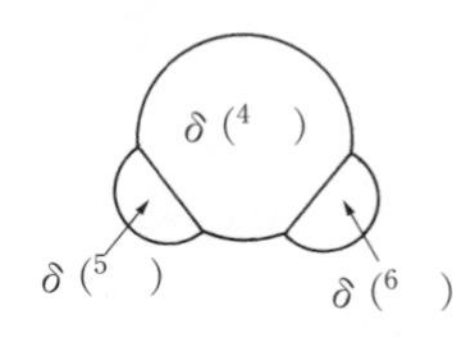

➡ 電子は酸素原子のほうに引き寄せられている。

27　次の文の（　　）の中に適当な語句を入れ，下線部が正しければ○，誤っていれば×と答え，正しい表現になおせ。

水は液体や固体（氷）では，下図<u>A</u>（1）のように，一つの分子の（2　　　）原子と隣の分子の（3　　　）原子の間に電気的な引力が働き，分子間に<u>弱い</u>（4）結合ができる。この結合を（5　　　）結合という。この結合のため，極性のない物質に比べて水の融点・沸点は<u>低く</u>（6），融解熱，蒸発熱は<u>大きい</u>（7）。

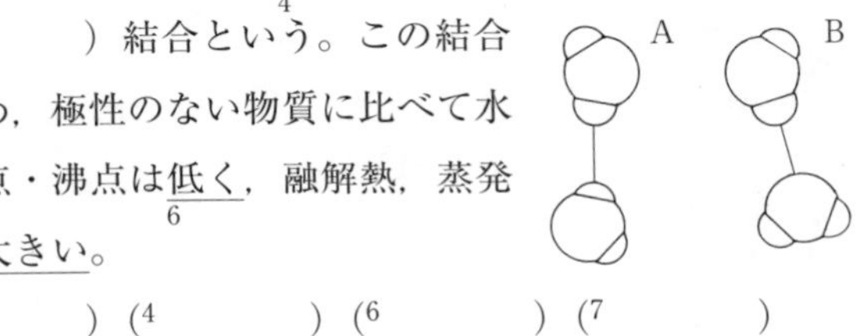

（1　　　）（4　　　）（6　　　）（7　　　）

➡ 同種の電気はしりぞけあい，異種の電気は引き合う。

28　下のグラフは，水および物質 A，B の蒸気圧曲線である。

(1)　水の１気圧での沸点は何℃ か　（1　　　）

(2)　物質 A の１気圧での沸点は何℃ か。　（2　　　）

(3)　沸点の高いものから順に答えよ。

（3　　　）

(4)　60 ℃ における物質 B の蒸気圧は，およそ何 kPa か。　（4　　　）

(5)　最も蒸発しやすい物質はどれか。

（5　　　）

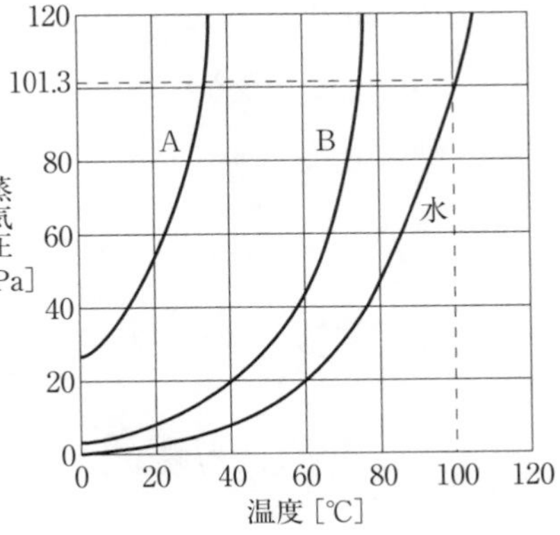

➡ １気圧＝101.3 kPa
＝760 mmHg

➡ 沸点は，蒸気圧が大気圧と等しくなる温度。

➡ 蒸気圧が大きいほうが蒸発しやすい。

29　高さ約 3000 m の大気の圧力は約 70.7 kPa である。この場所の水の沸点はおよそ何℃ か。水の蒸気圧曲線から求めよ。

答　（1　　　）

30 圧力釜はどのような原理を応用しているか。

答 (1)

➜ 圧力釜の内部は圧力が高くなっている。

31 下の図は乾燥空気の組成を表したものである。( ) の中に適当な文字または数を記入せよ。

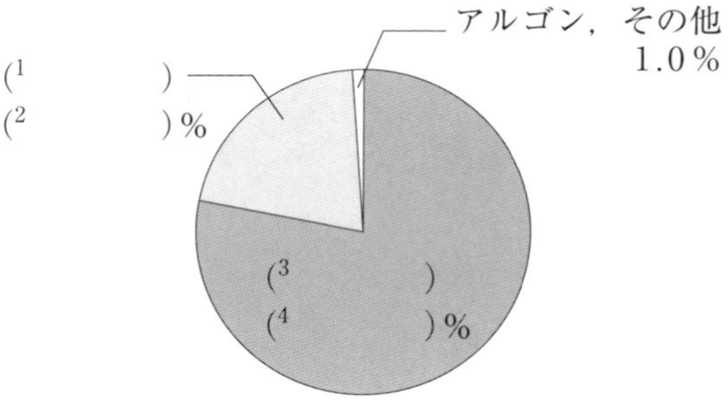

アルゴン，その他 1.0 %

(1)
(2) %

(3)
(4) %

32 空気中に含まれている 5 種類の貴ガスの名称と元素記号を書け（順序は問わない）。

答 (1)
(2)
(3)
(4)
(5)

➜ 工業化学 1 p. 64 では，空気中の存在量の順序に並べてあるが，周期表の順（原子番号順）に覚えるのもよい。

33 一原子分子，二原子分子，三原子分子の分子式を二つずつ書け。

答 一原子分子… (1)
二原子分子… (2)
三原子分子… (3)

34 貴ガスのうち空気中に最も多く含まれているのは何か。またその製法を答えよ。

答 (1)。空気を (2) して分離する。

35 0.01 % は何 ppm か。また，25 ppm は何 % か。

答 0.01 % = (1) ppm, 25 ppm = (2) %

➜ 1 ppm は 100 万分の 1，1 % は 100 分の 1 だから
1 % = 10 000 ppm
である。この関係を覚えておこう。

第３章　溶液の性質

1 溶液とその性質　工業化学１　p. 68〜80

1　次の文の（　　）の中に適当な語句を入れよ。

(1)　ショ糖（砂糖）を水に溶解するとショ糖水溶液ができる。このとき，水のように物質を溶かす役目をする液体を（1　　　　），ショ糖のように溶ける物質を（2　　　　）という。

一般的に，（3　　　　）の質量＝（4　　　　）の質量＋（5　　　　）の質量

➡ 塩化ナトリウム水溶液では，塩化ナトリウムが溶質。

(2)　水酸化ナトリウムが水に溶けるとナトリウムイオン Na^+ と（6　　　　）イオン OH^- になる。このように化合物が水に溶解してイオンに分かれる現象を（7　　　　）という。

水溶液中でイオンに分かれ，電気をよく通す物質を（8　　　　）といい，電気を通さない物質を（9　　　　）という。

➡ $NaOH \longrightarrow Na^+ + OH^-$

(3)　（10　　　　）色の硫酸銅(Ⅱ)五水和物 $CuSO_4 \cdot 5H_2O$ の結晶を加熱すると，（11　　　　）を失って（12　　　　）色の $CuSO_4$ になる。

(4)　塩化ナトリウム水溶液中では，イオンは水分子に囲まれている。イオンが水分子と結び付くことをイオンの（13　　　　）という。右の図のＡは（14　　　　）イオンで，Ｂは（15　　　　）イオンである。

➡ $NaCl \longrightarrow Na^+ + Cl^-$

➡ イオンに結び付く水分子の数は，イオンの種類によって異なるが，この図は模型的に示してある。

2　100 g の水にショ糖 10.0 g を溶かした溶液がある。

(1)　ショ糖の濃度［%］を求めよ。

(2)　この溶液を加熱して 30.0 g の水分を蒸発させた。ショ糖の濃度［%］を求めよ。

(3)　(2)の溶液にショ糖 5.0 g を加えて溶解した。ショ糖の濃度［%］を求めよ。

解　(1)　$\dfrac{(^1\quad\quad)}{100+(^2\quad\quad)} \times 100 = (^3\quad\quad)$［%］

(2)　水の質量＝100－（4　　　）＝（5　　　）［g］

$\dfrac{(^6\quad\quad)}{(^7\quad\quad)+10.0} \times 100 = (^8\quad\quad)$［%］

(3)　計算式［9　　　　　　　　］

答（10　　　　）［%］

➡ 質量パーセント濃度［%］＝ $\dfrac{溶質の質量}{溶液(溶質＋溶媒)の質量} \times 100$

➡ ショ糖の質量は変わらない。

➡ ショ糖の質量は何 g になるか。

3 4.0 % の水酸化ナトリウム水溶液 120 g をつくるには，水酸化ナトリウムと水をそれぞれ何 g 用いればよいか。

解 水酸化ナトリウム水溶液 120 g 中の水酸化ナトリウムの質量は，

$$120 \times \frac{(^{1}\qquad)}{100} = (^{2}\qquad)\ [\mathrm{g}]$$

水の質量は 120 − (3　　　) = (4　　　) [g]

➡ 4.0 % は $\frac{4.0}{100}$

〔別解〕

NaOH の質量を x [g] とし，

$\frac{x}{120} \times 100 = 4.0$

から求める。

4 右の図の A と B の塩化ナトリウム水溶液を全部混合すると，質量パーセント濃度 [%] はいくらになるか。

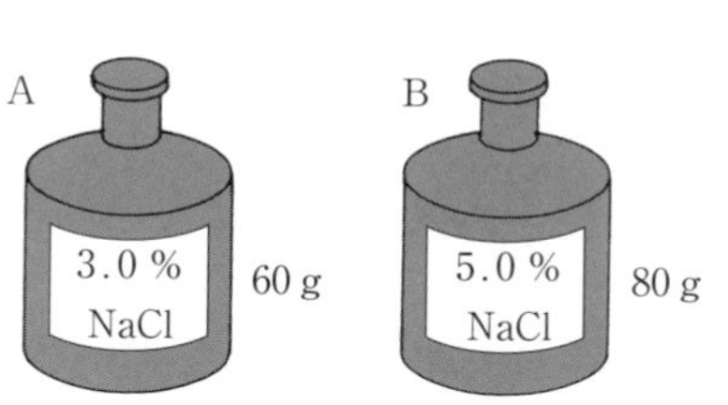

解 A の 3.0 % NaCl 水溶液 60 g 中の NaCl の質量は，

$$60 \times \frac{(^{1}\qquad)}{100} = (^{2}\qquad)\ [\mathrm{g}]$$

また，B の 5.0 % NaCl 水溶液 80 g 中の NaCl の質量は，

[3　　　　　　　　　　　　　　　　]

よって，NaCl の全質量は，

(4　　　) + (5　　　) = (6　　　) [g]

➡ A 液中の NaCl の質量と B 液中の NaCl の質量との和になる。

溶液の全質量は

(7　　　) + (8　　　) = (9　　　) [g]

よって，質量パーセント濃度は，

$$\frac{(^{10}\qquad)}{(^{11}\qquad)} \times 100 = (^{12}\qquad)\ [\%]$$

5 20.0 % のショ糖水溶液の密度は，20 ℃で 1.08 g/mL である。この溶液 500 mL 中に含まれるショ糖と水はそれぞれ何 g か。

➡ 密度 = $\frac{質量}{体積}$

解 ショ糖水溶液の質量は，

(1　　　) × (2　　　) = (3　　　) [g]

➡ 質量 = 体積 × 密度

ショ糖の質量は，

(4　　　) × (5　　　) = (6　　　) [g]

水の質量は，

(7　　　) − (8　　　) = (9　　　) [g]

6　硝酸銀 5.0 g が水 400 g に溶けている水溶液の濃度を g/100 g 水で表せ。

解　求める濃度を x [g/100 g 水] とすると，

$$\frac{硝酸銀の質量}{水の質量} \Rightarrow \frac{(^{1}\qquad)}{(^{2}\qquad)} = \frac{x}{100}$$

これを解いて，x = (3　　　) [g/100 g 水]

← [g/100 g 水] の単位は，水 100 g あたり溶質何 g が溶けているかを表す。

7　15.0 % および 30.0 % の硫酸ナトリウム水溶液がある。この濃度を g/100 g 水で表せ。

解　15.0 % 溶液 100 g 中には硫酸ナトリウム 15.0 g が溶けている。

求める濃度を x [g/100 g 水] とすると，

$$\frac{硫酸ナトリウムの質量}{水の質量} \Rightarrow \frac{(^{1}\qquad)}{100 - 15.0} = \frac{x}{100}$$

これを解けば，x = (2　　　) [g/100 g 水]

30.0 % 溶液では，y [g/100 g 水] とすると，

[3　　　　　　]　y = (4　　　) [g/100 g 水]

← 水（溶媒）の質量 = 溶液の質量 − 溶質の質量

8　濃度 25.0 g/100 g 水および 30.0 g/100 g 水のショ糖水溶液の濃度を質量パーセント濃度で表せ。

解　25.0 g/100 g 水のショ糖水溶液の質量パーセント濃度は，

$$\frac{ショ糖の質量}{溶液の質量} \times 100 = \frac{(^{1}\qquad)}{100 + 25.0} \times 100 = (^{2}\qquad) [\%]$$

30.0 g/100 g 水のショ糖水溶液の質量パーセント濃度は，

[3　　　　　　　　　　] [%]

← 溶液の質量 = 水（溶媒）の質量 + 溶質の質量

■豆知識■

体積パーセント [vol%] は，溶液と液体の混合物または気体と気体の混合物の場合に使用される濃度である。エタノール 30 mL に水を加えて全量を 100 mL にしたエタノール水溶液の体積パーセント濃度は 30 vol% である（水 70 mL を加えたものではない）。

9 下の図のようにしてショ糖 $C_{12}H_{22}O_{11}$ の水溶液をつくった。このショ糖溶液のモル濃度を求めよ。

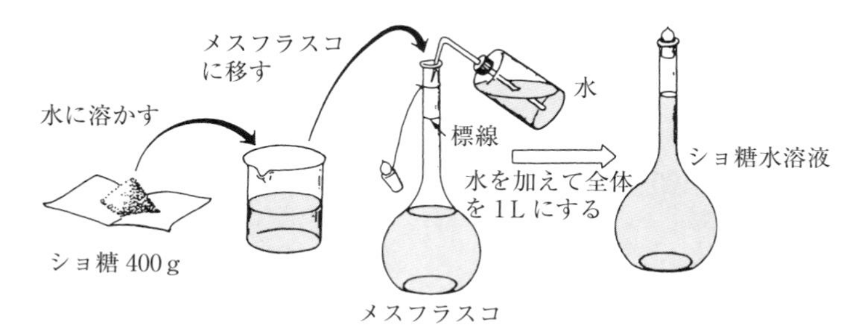

解 ショ糖 1 mol の質量は（1　　　）g であるから，400 g のショ糖の物質量は，

$$\frac{(^{2}\quad\quad)}{(^{3}\quad\quad)} = (^{4}\quad\quad)\ [\mathrm{mol}]$$

これが溶液 1 L 中に含まれているから，モル濃度は，

（5　　　）[mol/L]

➔ ショ糖 $C_{12}H_{22}O_{11}$ の分子量を求める。

10 塩化ナトリウム水溶液が 200 mL あり，その中に塩化ナトリウムが 85.0 g 溶けている。モル濃度はいくらか。

解 塩化ナトリウムの式量は（1　　　）であるから，85.0 g の塩化ナトリウムの物質量は，

$$\left(^{2}\quad\quad\right) = (^{3}\quad\quad)\ [\mathrm{mol}]$$

この溶液は 1 L（1000 mL）中には，

$$(^{4}\quad\quad) \times \frac{1000}{(^{5}\quad\quad)} = (^{6}\quad\quad)\ [\mathrm{mol}]$$

ゆえに，モル濃度は（7　　　）[mol/L]

11 0.50 mol/L のショ糖 $C_{12}H_{22}O_{11}$ 水溶液を 100 mL つくりたい。ショ糖何 g が必要か。

解 必要なショ糖の物質量は，

$$0.50 \times \frac{100}{1000} = (^{1}\quad\quad)\ [\mathrm{mol}]$$

よって，ショ糖の質量は，

$$(^{2}\quad\quad) \times (^{3}\quad\quad) = (^{4}\quad\quad)\ [\mathrm{g}]$$

➔ ショ糖 $C_{12}H_{22}O_{11}$ の分子量を計算しておく。

12　硝酸の 26.0 % 水溶液がある。この希硝酸の密度は 25 ℃ で 1.15 g/mL である。モル濃度を求めよ。

解　この硝酸 1 L（1000 mL）の質量は，

（1　　　　）× 1000 =（2　　　　）[g]

この中に含まれる HNO_3 は，

（3　　　　）× $\frac{26.0}{100}$ =（4　　　　）[g]

HNO_3 1 mol は（5　　　　）g であるから，物質量は，

$\frac{(^{6}\quad\quad)}{(^{7}\quad\quad)}$ =（8　　　　）[mol]

よって，モル濃度は（9　　　　）[mol/L]

➔ 質量 = 密度 × 体積

➔ 硝酸 HNO_3

13　次の文の（　　）の中に適当な語句を入れよ。

一定の温度で一定量の溶媒に溶ける溶質の量には，一般に限度がある。この限度まで溶質を溶かした溶液を（1　　　　）という。

飽和溶液中における溶質の濃度を（2　　　　）という。

水に対する固体の溶解度は一般に温度が高くなるほど（3　　　　）くなるものが多い。

溶解度と温度との関係を示したグラフを（4　　　　）という。

14　試験管に硝酸カリウム KNO_3 を 2.5 g 入れ，水 5.0 g を加え，右の図のようにし，静かにかき混ぜながら加熱して結晶が完全に溶けたときの温度を測定したら，およそ 33℃ であった。

(1)　この温度における溶解度はいくらか。

答　（1　　　　）[g/100 g 水]

(2)　質量パーセント濃度で表せ。

答　（2　　　　）[%]

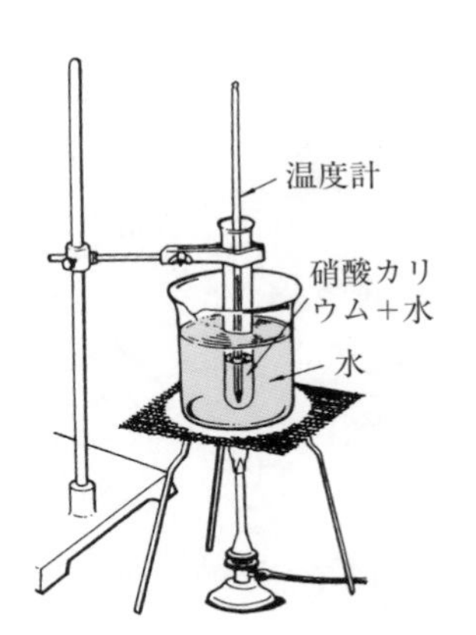

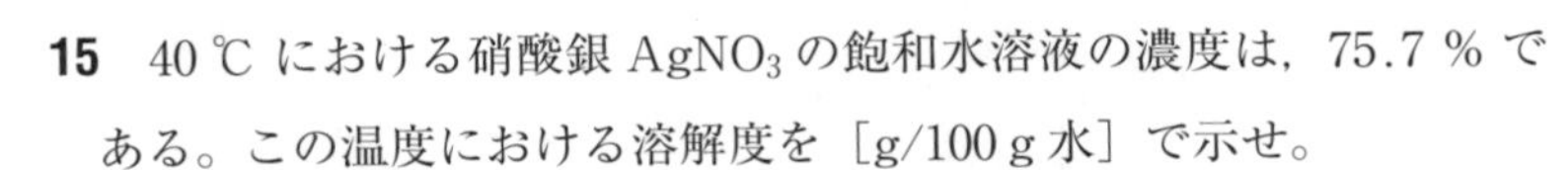

15　40 ℃ における硝酸銀 $AgNO_3$ の飽和水溶液の濃度は，75.7 % である。この温度における溶解度を [g/100 g 水] で示せ。

解　飽和水溶液 100 g 中には $AgNO_3$ 75.7 g を含む。

求める溶解度を x [g/100 g 水] とすると，

$$\frac{\text{飽和溶液中の } AgNO_3 \text{ の質量}}{\text{飽和溶液中の水の質量}} \Rightarrow \frac{75.7}{(^{1}\quad\quad) - (^{2}\quad\quad)} = \frac{x}{100}$$

これを解けば，x =（3　　　　）[g/100 g 水]

➔ 水の質量
= 溶液の質量 − 溶質の質量

16 硝酸カリウムの水に対する溶解度は，30 ℃ で 45.6 g/100 g 水である。これを質量パーセント濃度で表せ。

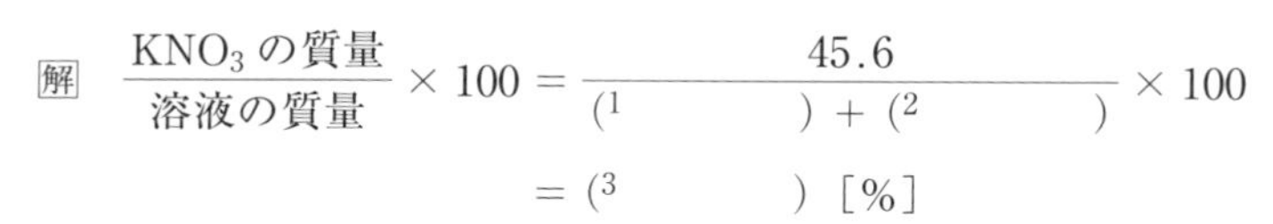

解 $\dfrac{KNO_3\text{の質量}}{\text{溶液の質量}} \times 100 = \dfrac{45.6}{(^1 \qquad) + (^2 \qquad)} \times 100$

$= (^3 \qquad)$ [%]

➜ 溶液の質量
＝水の質量＋溶質の質量

17 右の図は，物質 A～F の溶解度曲線である。

➜ A 硝酸ナトリウム
B 硫酸アンモニウム
C 硝酸カリウム
D 塩化ナトリウム
E 二クロム酸カリウム
F 塩素酸カリウム

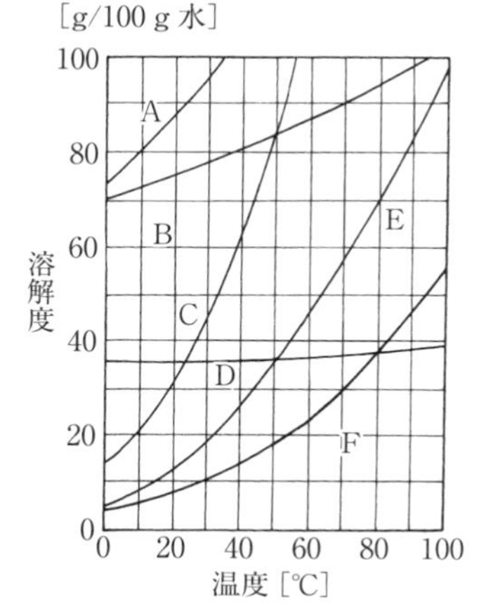

(1) 20 ℃ における B の溶解度はおよそいくらか。

答 (1) [g/100 g 水]

➜ (1)

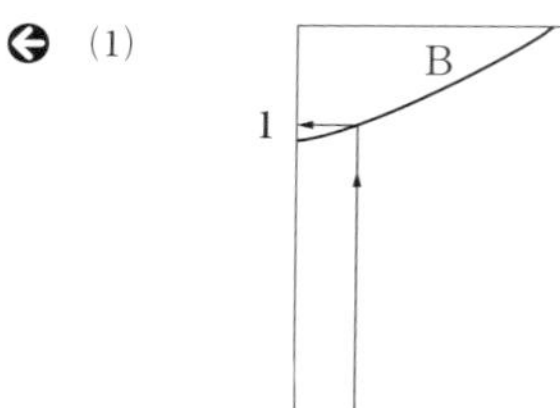

(2) 90 ℃ において水 100 g に F は約何 g まで溶けるか。

答 (2) [g]

(3) 100 g の水に C を 90 g 加えた。これが全部溶けるのは約何℃ 以上か。

答 (3) [℃]

➜ (3)

(4) 100 g の水に 90 g の A を溶解した溶液を 20 ℃ まで冷却したが，結晶を生じなかった。この状態を何というか。

a. 飽和　b. 過飽和　答 (4)

➜ (4)

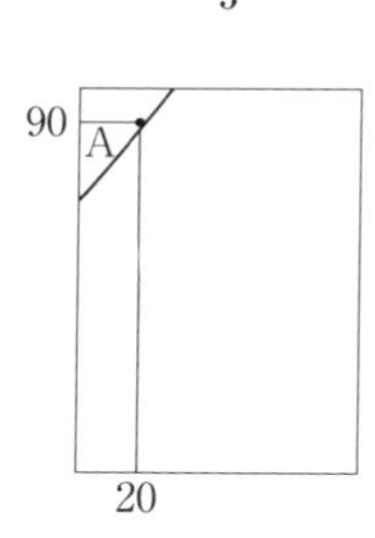

(5) 30 g の D を 90 ℃ の水 100 g に溶かした溶液がある。この温度であと何 g 溶かすと飽和溶液になるか。 答 (5) [g]

(6) 70 g の E を 90 ℃ の水 100 g に溶かした。この溶液を冷却していくとき，結晶が析出するのは何℃ 以下になったときか。

答 (6) [℃]

(7) (6)の溶液を 20 ℃ まで冷却すると，何 g の結晶が析出するか。

解 70 − (7) = (8) [g]

➜ (7)

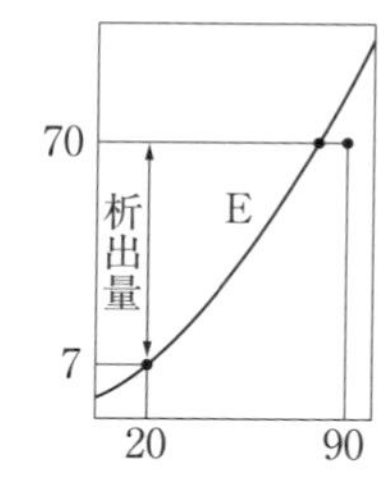

(8) 80 g の C を 60 ℃ の水 100 g に溶かし，30 ℃ まで冷却すると，何 g の結晶が得られるか。また，飽和に達するのは何℃ か。

解 (9) − (10) = (11) [g]

飽和に達する温度は，図から (12) [℃]

(9) 70 ℃ における B の飽和溶液の濃度を質量パーセント濃度で求めよ。

解 70 ℃ における B の飽和溶液の濃度は，図から (13) [g/100 g 水] であるから

質量パーセント濃度は，〔14 〕 [%]

18　15 ℃ における塩化ナトリウムの溶解度は 35.0 g/100 g 水である。この温度で 140 g の塩化ナトリウムを溶かすには，水は何 g 必要か。

解　水の必要量を x [g] とすると，

$$\frac{\text{NaClの質量}}{\text{水の質量}} \Rightarrow \frac{(^{1}\qquad)}{100} = \frac{140}{x}$$

これを解けば，x = (2　　　　) [g]

➡ 比例計算
$\frac{a}{b} = \frac{c}{d}$
または
$a : b = c : d$

19　120 g の水に 60 ℃ で硝酸カリウムを溶かして飽和溶液とし，これを 20 ℃ まで冷却すると何 g の結晶が得られるか。

硝酸カリウムの 60 ℃ および 20 ℃ における溶解度は，それぞれ，110，32.0 [g/100 g 水] とする。

解　水が 100 g のときは，20 ℃ に冷却すると析出する結晶は，

(1　　　　) − (2　　　　) = (3　　　　) [g] であるから，

水 120 g では x [g] とすると，

$$\frac{x}{120} = \frac{(^{4}\qquad)}{100}$$

x = (5　　　　) [g]

➡ 比例計算

20　次の文の（　　）の中に適当な語句または数値を入れよ。

(1)　101.3 kPa において，水の沸点は (1　　　)℃ であるが，ブドウ糖水溶液の沸点はこれよりも (2　　　) くなる。このような現象を (3　　　　) といい，溶液の沸点と純溶媒の沸点との差を (4　　　　) という。

➡ 溶質が不揮発性の物質のとき成り立つ。

(2)　101.3 kPa において，水の凝固点は (5　　　)℃ であるが，ブドウ糖水溶液の凝固点はこれよりも (6　　　) くなる。このような現象を (7　　　　) という。

➡ 溶質が揮発性であっても不揮発性であっても成り立つ。

(3)　希薄溶液では，沸点上昇度や凝固点降下度は，(8　　　　) が同じなら (9　　　　) の種類に関係なく，質量モル濃度に (10　　　　) する。

(4)　硫酸カリウム水溶液中では，K_2SO_4 1 mol を溶かすとカリウムイオン約 (11　　　　) mol と硫酸イオン約 (12　　　　) mol が生じているので，沸点上昇度や凝固点降下度は，イオンにならない水溶液に比べて約 (13　　　　) 倍に近い値を示す。

➡ $K_2SO_4 \longrightarrow 2K^+ + SO_4^{2-}$

21 次の水溶液の質量モル濃度を求めよ。

(1) 400 g の水にショ糖 0.90 mol を溶かした水溶液。

(2) 100 g の水にショ糖 $C_{12}H_{22}O_{11}$ 6.84 g を溶かした水溶液。

解 (1) 水 1 kg あたりのショ糖の物質量を x [mol] とすると,

$$\frac{0.90}{400} = \frac{x}{(^{1}\qquad)}$$

x = (2　　　) [mol]

よって，質量モル濃度は，(3　　　) [mol/kg]

(2) $C_{12}H_{22}O_{11}$ の分子量は 342 であるから，6.84 g のショ糖は,

$$\frac{6.84}{(^{4}\qquad)} = (^{5}\qquad)\ [\mathrm{mol}]$$

質量モル濃度は，(6　　　) [mol/kg]

➔ 質量モル濃度は，溶媒 1 kg (1 000 g) あたりに含まれる溶質の物質量。

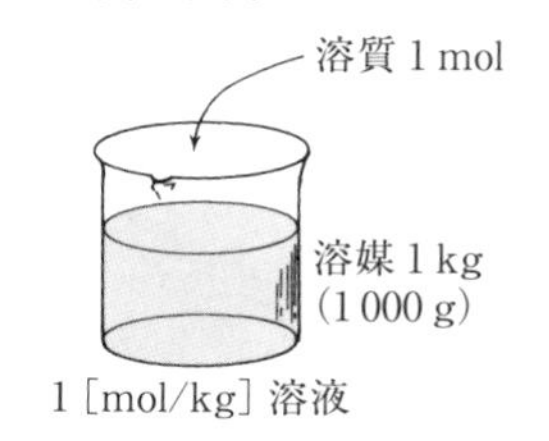

22 水 1 kg にエチレングリコール（分子量 62.0）217 g を溶かした不凍液がある。この水溶液の凝固点降下度と凝固点を求めよ。

溶媒	凝固点 [℃]	モル凝固点降下 K_f [K・kg/mol]
水	0	1.853
ベンゼン	5.533	5.12
ショウノウ	178.75	37.7

解 エチレングリコール 217 g の物質量は,

$$\frac{217}{(^{1}\qquad)} = (^{2}\qquad)\ [\mathrm{mol}]$$

質量モル濃度は，(3　　　) [mol/kg]

凝固点降下度は,

$\Delta t = K_f \cdot m$ = (4　　　) × (5　　　)

= (6　　　) [K]

凝固点は，(7　　　) [℃]

23 水 100 g にブドウ糖 $C_6H_{12}O_6$ 4.50 g を溶かした水溶液の沸点上昇度と沸点を求めよ。

溶媒	沸 点 [℃]	モル沸点上昇 K_b [K・kg/mol]
水	100	0.515
ベンゼン	80.1	2.53

解 ブドウ糖の物質量は [1　　　　]

質量モル濃度は (2　　　) [mol/kg]

したがって，沸点上昇度は

$\Delta t = K_b \cdot m$ = (3　　　) × (4　　　)

= (5　　　) [K]

沸点は，(6　　　) [℃]

24　分子量135の物質を0.050 g取り，ショウノウ1 gに溶かしたときの凝固点を求めよ。

➜ ショウノウは凝固点降下度が特別に大きいので，この問いと反対に，有機化合物の凝固点降下度を測定し，その分子量を計算して求めることができる。

解　溶質0.050 gの物質量は　［1　　　　　　　　］

質量モル濃度は　（2　　　　）［mol/kg］

凝固点降下度は　（3　　　　）×（4　　　　）＝（5　　　　）［K］

よって，凝固点は　（6　　　　）－（7　　　　）＝（8　　　　）［℃］

25　次の文の（　　）に適当な語句を入れよ。

右の図のようなU字管の左にショ糖水溶液を，右に水を入れ，中央に水分子は通すがショ糖の分子は通さない性質の（1　　　　）膜を付けておくと，左側の液面が（2　　　　）くなってくる。この現象を（3　　　　）という。両液面の高さを等しく保つためには（4　　　　）側に圧力を加える必要がある。この圧力を（5　　　　）という。

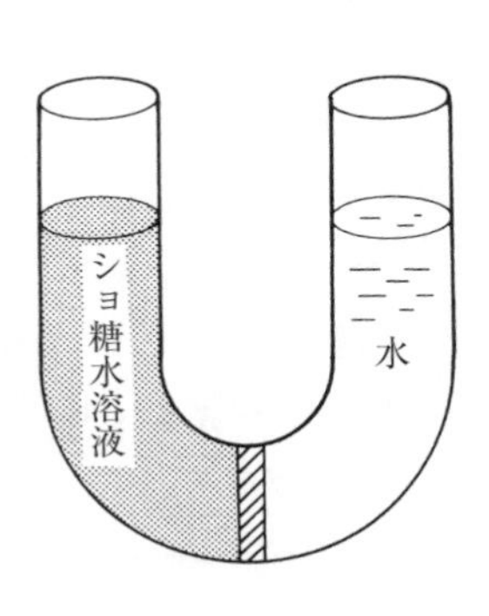

2 コロイド　工業化学1　p. 81〜85

26　次の文の（　　）に適当な語句を入れよ。

(1)　沈殿を生じない程度の大きさの微粒子が液体中に分散した溶液を（1　　　　）溶液といい，この場合の液体を（2　　　　），粒子となる物質を（3　　　　）という。

(2)　セッケン水では，セッケンの分子は球状の集合体のコロイド粒子になっている。この特別な集合体を（4　　　　）という。

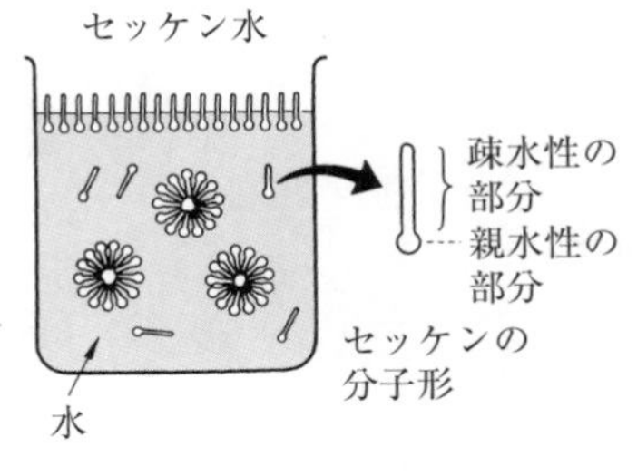

(3)　寒天やゼラチンのコロイド溶液は，冷やすと全体が固まる。このような固体を（5　　　　）といい，もとのコロイド溶液を（6　　　　）という。

乾燥した寒天のようなものを（7　　　　　　）という。

(4)　水酸化鉄(Ⅲ)コロイド溶液は，少量の電解質を加えただけで沈殿する。この現象を（8　　　　）といい，このようなコロイドを（9　　　　）コロイドという。デンプンのコロイド溶液は，（10　　　　）コロイドといい，多量の電解質を加えてはじめて沈殿を生じる。この現象を（11　　　　）という。

27 次の(1)〜(5)の記述に関係の深い語句を下の語句から選び，記号で答えよ。

➡ 泥水は粘土のコロイド

(1) 泥水に少量の硫酸アルミニウムを加えると上層部から透明になる。

(2) 煙を除去するために，煙道に直流の高電圧をかける。

(3) 血液を人工腎臓に通して，血液中の老廃物を取り除く。

(4) セッケン水に多量の食塩を加えると，セッケンが分離する。

(5) 暗い部屋に細い光がさしこんで光の通路がよくみえる。

a. 電気泳動　　b. チンダル現象　　c. 塩析

d. 凝析　　e. 透析

答 (1) (1　　　) (2) (2　　　) (3) (3　　　)

(4) (4　　　) (5) (5　　　)

28 塩化鉄(Ⅲ)水溶液の少量を沸騰水に加えて，水酸化鉄(Ⅲ)のコロイド溶液をつくった。

➡ 塩化鉄(Ⅲ)水溶液は黄褐色。水酸化鉄(Ⅲ)のコロイド溶液は濃い赤褐色。

(1) この化学反応式を書け。

(1　　　　　　　　　　　　　　　　　　　　)

(2) これをセロハンの袋に入れて，純水中に浸しておくと外側の水中には，次のどれが多く含まれるようになるか。

a. Fe^{3+} と Cl^-

b. Fe^{3+} と OH^-

c. H^+ と Cl^-

d. Fe^{3+} と H^+

e. Cl^- と OH^- と Fe^{3+}

答 (2　　　)

(3) 水酸化鉄(Ⅲ)のコロイド溶液を凝析させるのに最も有効なものは次のどれか。

➡ 水酸化鉄(Ⅲ)のコロイドは正の電荷をもっている。

a. Na^+　　b. Mg^{2+}　　c. Al^{3+}

d. NO_3^-　　e. SO_4^{2-}

答 (3　　　)

第４章　酸と塩基

1 酸と塩基　工業化学１　p. 90～94

1 次の文の（　　）の中に適当な語句を，〔　　〕には化学式を書け。

(1) 酸の水溶液は，酸味をもち，(1　　　) 色リトマス紙を (2　　　) 色に変え，亜鉛やマグネシウムなどの金属と反応して (3　　　) を発生する。

このような性質を (4　　　) 性といい，これは水溶液中の (5　　　) イオンの働きによる。

(2) 塩基の水溶液は，(6　　　) 色リトマス紙を (7　　　) 色に変える。この性質を (8　　　) 性という。これは水溶液中に存在する (9　　　) イオンの働きによる。

塩基の化学式において，電離して水酸化物イオン（OH^-）になることができる OH の数を，塩基の (10　　　) という。

(3) アンモニアは，水に溶けると，(11　　　) イオンと (12　　　) イオンを生じる。アンモニアは (13　　　) 価の (14　　　) である。

〔15　　　〕＋ H_2O ⟶ NH_4^+ ＋〔16　　　〕

(4) 電離度の大きい酸を (17　　　)，小さい酸を (18　　　) という。同様に，電離度の大きい塩基を (19　　　)，小さい塩基を (20　　　) という。

➡ 酸は，水溶液中で水分子と結び付いて電離し，オキソニウムイオンを生じる。

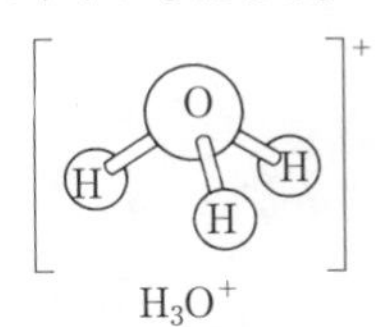

H_3O^+
オキソニウムイオン

これが酸としての性質を示す。H_3O^+ を簡単に H^+ と書き水素イオンとよぶ。

➡ 電離度
電解質溶液の溶解した物質量に対する電離した物質量の割合。

2 次の酸・塩基が電離するときの化学反応式を完成せよ。

(1) 硝酸　HNO_3 ⟶ (1　　　) ＋ (2　　　)

(2) リン酸　(3　　　) ⟶ $3H^+$ ＋ (4　　　)

(3) 水酸化カリウム　(5　　　) ⟶ K^+ ＋ (6　　　)

(4) 水酸化アルミニウム　(7　　　) ⟶ Al^{3+} ＋ (8　　　)

➡ リン酸は段階的に電離するが，ここではまとめて書く。

3 次の酸・塩基を分類して，表の中に書き入れよ。

H_2SO_4　KOH　$Ba(OH)_2$　H_3PO_4　NH_3
$Fe(OH)_3$　CH_3COOH　H_2S

	１ 価	２ 価	３ 価
酸	1	2	3
塩 基	4	5	6

4 酸・塩基の強弱について，次の(1)，(2)に答えよ。

(1) 次の酸の中から強酸を選べ。

H_2SO_4，H_2CO_3，HNO_3，HCl，CH_3COOH

答 ([1])

(2) 次の塩基の中から強塩基を選べ。

NaOH，NH_3，$Fe(OH)_3$，KOH，$Ba(OH)_2$，$Ca(OH)_2$，$Al(OH)_3$

答 ([2])

➔ 酸・塩基の強弱は電離度の大小による（価数の大小ではないことに注意する）。代表的な強酸・強塩基を覚えておこう。

5 0.1 mol/L の水酸化ナトリウム水溶液の電離度は，25 ℃ で 0.89 である。この溶液中の水酸化物イオンの濃度は何 mol/L か。

解 この溶液 1 L 中に溶けている水酸化ナトリウムは 0.1 mol で，そのうち，

0.1 × ([1]) = ([2]) [mol]

がナトリウムイオンと水酸化物イオンとに電離している。

ゆえに，水酸化物イオン濃度は，([3]) [mol/L] である。

➔ $NaOH \rightarrow Na^+ + OH^-$

6 0.01 mol/L の酢酸の水溶液の電離度は，18 ℃ で 0.043 である。この水溶液中の水素イオン濃度は何 mol/L か。

解 ([1]) × ([2]) = ([3]) [mol/L]

➔ $CH_3COOH \rightarrow CH_3COO^- + H^+$

7 次の(1)～(8)にあてはまる酸，塩基を a～h から選べ。

(1) 1価の強酸 ([1])　(2) 1価の弱酸 ([2])

(3) 2価の強酸 ([3])　(4) 2価の弱酸 ([4])

(5) 1価の強塩基 ([5])　(6) 1価の弱塩基 ([6])

(7) 2価の強塩基 ([7])　(8) 2価の弱塩基 ([8])

a. 炭酸　b. 水酸化ナトリウム　c. 水酸化バリウム

d. 硝酸　e. アンモニア　f. 酢酸　g. 硫酸

h. 水酸化銅(Ⅱ)

➔ a～h の化学式を書いてみよう。

8 硫酸の電離について，(　) 内に化学式を書き入れよ。

第1段階 $H_2SO_4 \longrightarrow H^+ +$ ([1])

第2段階 ([2]) $\longrightarrow$ ([3]) $+ SO_4^{2-}$

これをまとめると，

$H_2SO_4 \longrightarrow$ ([4]) + ([5])

➔ 2価の酸は段階的に電離する。

2 水素イオン濃度とpH　工業化学１　p. 95〜98

9　水の電解について，以下の問いに答えよ。

(1)　純粋な水は，ごくわずかに電離している。その電離平衡の式を書け。

答　(1　　　　　　　　　　　　　　　　　　　)

(2)　実測によると，25 ℃ の純水の $[H^+]$，$[OH^-]$ はそれぞれいくらか。

答　(2　　　　　　　　　　　　　　　　　　　)

(3)　次の（　　）に >，<，= のいずれかを記入せよ。

酸性水溶液では　　$[H^+]$ (3　　　　) 1.0×10^{-7} mol/L

中性水溶液では　　$[H^+]$ (4　　　　) 1.0×10^{-7} mol/L

塩基性水溶液では　$[H^+]$ (5　　　　) 1.0×10^{-7} mol/L

10　25 ℃ において，水酸化物イオンの濃度が 0.5×10^{-4} mol/L の水溶液中の水素イオン濃度を求めよ。

解　$[OH^-]$ = (1　　　　　　) mol/L

$[H^+][OH^-]$ = (2　　　　　　) $(mol/L)^2$ であるから，

$[H^+] = \dfrac{(3\qquad\qquad)}{(4\qquad\qquad)}$ = (5　　　　　　) [mol/L]

11　次の文の（　　）の中に適当な語句または数値を記入せよ。

水溶液の (1　　　) 性または (2　　　) 性の強弱を水素イオン濃度の大小で表すかわりに，pH で表す。すなわち，

$[H^+] = 10^{-7}$ mol/L　ならば　pH = (3　　　) で (4　　　) 性

$[H^+] = 10^{-10}$ mol/L　ならば　pH = (5　　　) で (6　　　) 性

$[H^+] = 10^{-3}$ mol/L　ならば　pH = (7　　　) で (8　　　) 性

➡ 10^{-7} は，詳しく書けば 1.0×10^{-7} であるが，簡単に表した。以下も同じである。

12　次の図は，pH 指示薬の変色域を表している。（　　）の中に適当な文字を記入せよ。

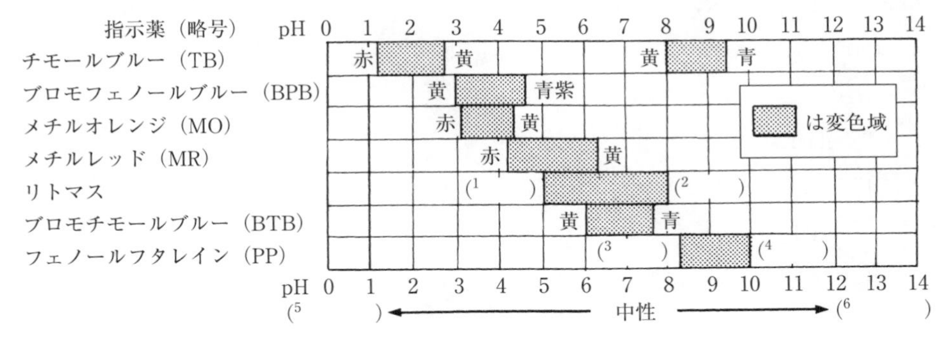

3 中和と塩　工業化学１　p. 99～102

13 次の文の（　　）の中に適当な語句を，〔　　〕の中に化学式を書け。

(1) 酸の水溶液と塩基の水溶液を混合すると，酸の（1　　　）イオンと塩基の（2　　　）イオンとが結び付いて水を生じる。これをイオン反応式で表すと，次のようになる。

〔3　　　〕＋〔4　　　〕⟶〔5　　　〕

この反応を（6　　　）という。一般に，このとき水と同時に生じる物質を（7　　　）という。

➔ アンモニアが酸と反応するとき，水は生じない。

(2) 塩化ナトリウム NaCl，炭酸ナトリウム〔8　　　〕のように，酸の働きをもつＨも塩基の働きをもつ OH も含まない塩を（9　　　）という。

炭酸水素ナトリウム〔10　　　〕のように，酸としての働きをもつＨを含む塩を（11　　　）という。

塩化水酸化マグネシウム MgCl(OH) のように，OH を含む塩を（12　　　）という。

(3) 一般に，強酸と弱塩基が中和してできた塩の水溶液は（13　　　）性を示し，弱酸と強塩基からできた塩の水溶液は（14　　　）性を示す。これは塩が（15　　　）と反応して水素イオンや水酸化物イオンを生じるためで，これを塩の（16　　　）という。

強酸と強塩基からできた硫酸ナトリウム〔17　　　〕のような塩は（18　　　）しない。その水溶液は（19　　　）性である。

➔ 正塩の場合である。
酸性塩 $NaHSO_4$ では
$NaHSO_4 \longrightarrow Na^+ + H^+ + SO_4^{2-}$
のように電離し，H^+ を生じるため酸性を示す。

14 次の中和反応を示す化学反応式を完成せよ。

(1) $HCl + KOH \longrightarrow$（1　　　　　）

(2) $NaOH + HNO_3 \longrightarrow$（2　　　　　）

(3) $H_2CO_3 + 2NaOH \longrightarrow$（3　　　　　）

(4) $HCl + NH_3 \longrightarrow$（4　　　　　）

(5) $Ca(OH)_2 + 2HCl \longrightarrow$（5　　　　　）

(6) $2NH_3 + H_2SO_4 \longrightarrow$（6　　　　　）

➔ 中和してできた塩の名称も書けるようにしておこう。

15　次の中和反応の化学反応式を書け。

(1)　リン酸と水酸化ナトリウムからリン酸水素二ナトリウムができる。

答　(1　　　　　　　　　　　　　　　　　　　　　　)

(2)　硫酸と酸化アルミニウムから硫酸アルミニウムができる。

答　(2　　　　　　　　　　　　　　　　　　　　　　)

➔ リン酸二水素ナトリウムは NaH_2PO_4。リン酸水素二ナトリウムの化学式は？

16　次の塩は，どのような酸と塩基の中和によって得られたものか。それぞれの酸と塩基を化学式で書け。

		酸	塩基
(1)	Na_2SO_4	(1　　　)	(2　　　)
(2)	$CaCO_3$	(3　　　)	(4　　　)
(3)	CH_3COOK	(5　　　)	(6　　　)
(4)	NH_4NO_3	(7　　　)	(8　　　)
(5)	MgCl(OH)	(9　　　)	(10　　　)

➔ (例)

NaCl
(塩)
Na^+　Cl^-
OH^-　H^+
NaOH　HCl
(塩基)　(酸)

➔ MgCl(OH)
塩化水酸化マグネシウム

17　次の塩を，正塩・酸性塩・塩基性塩に分類せよ。

(1)　KCl　(2)　$NaHCO_3$　(3)　CH_3COONa

(4)　CuCl(OH)　(5)　$(NH_4)_2SO_4$　(6)　NaH_2PO_4

答　正塩 (1　　　　)　酸性塩 (2　　　　)

塩基性塩 (3　　　　)

18　次の塩の水溶液は，酸性・塩基性・中性のいずれの性質を示すか。塩をつくった酸・塩基の化学式も答えよ。

		酸	塩基	液性
(1)	Na_2CO_3	(1　　　)	(2　　　)	(3　　　)
(2)	Na_2SO_4	(4　　　)	(5　　　)	(6　　　)
(3)	$Al_2(SO_4)_3$	(7　　　)	(8　　　)	(9　　　)
(4)	CH_3COONa	(10　　　)	(11　　　)	(12　　　)

➔ 液性とは，酸性，中性，塩基性のことをいい，塩をつくっている酸・塩基の強弱によって決まる。

19　次の文の（　　）の中に適当な語句を入れよ。

塩化アンモニウム NH_4Cl は (1　　　) 塩であるが，その水溶液は (2　　　) 性を示す。また，炭酸水素ナトリウム $NaHCO_3$ は (3　　　) 塩であるが，その水溶液は (4　　　) 性を示す。

➔ 正塩・酸性塩・塩基性塩の分類は，塩の組成から付けたもので，水溶液の性質を示すものではない。

20 次の酸化物を，酸性酸化物・塩基性酸化物・両性酸化物に分けよ。ただし，そのいずれにも属さないものもある。

CO_2　CO　CaO　Al_2O_3　SO_2

MgO　Na_2O　NO_2　SO_3

答　酸性酸化物　(1　　　　)

塩基性酸化物　(2　　　　)

両性酸化物　(3　　　　)

➔ 酸性酸化物……水と反応して酸をつくる酸化物（非金属の酸化物）。酸として働く。
塩基性酸化物……水と反応して塩基をつくる酸化物（金属の酸化物）。塩基として働く。

21 次の化学反応式を完成せよ。

(1) $CO_2 + 2NaOH \longrightarrow$ (1　　　　)

(2) $CaO + H_2SO_4 \longrightarrow$ (2　　　　)

(3) $Al_2O_3 + 6HCl \longrightarrow$ (3　　　　)

(4) $Al_2O_3 + 3H_2SO_4 \longrightarrow$ (4　　　　)

(5) $Al_2O_3 + 2NaOH + 3H_2O$

$\longrightarrow$ (5　　　　)

➔ いずれも水が生じる反応。

➔ テトラヒドロキシドアルミン酸ナトリウム
$Na[Al(OH)_4]$ ができる。

4 中和滴定　工業化学 1　p. 103～106

22 次の文の（　　）の中に適当な数値を入れよ。

(1) 中和反応において，(1　　　) 価の酸である塩酸 HCl の 1 mol は，H^+ (2　　　) mol を生じる。(3　　　) 価の酸である硫酸 H_2SO_4 の 1 mol は，H^+ (4　　　) mol を生じる。

したがって，硫酸が 1 mol の H^+ を出すには，硫酸 (5　　　) mol があればよい。

(2) (6　　　) 価の塩基である水酸化バリウム $Ba(OH)_2$ の 1 mol は，OH^- (7　　　) mol を生じる。

(3) 硫酸 1 mol がちょうど中和するのに必要な水酸化ナトリウムは (8　　　) mol である。

(4) 硫酸 0.1 mol がちょうど中和するのに必要な水酸化バリウムは (9　　　) mol である。

(5) 0.1 mol/L の硫酸水溶液 1 L を中和するには (10　　　) mol の水酸化ナトリウムが必要である。

(6) 水酸化ナトリウム 20 g を水に溶かして 1 L にした水溶液のモル濃度は (11　　　) mol/L である。

23　次の文の（　　）の中に数値・記号を入れよ。

濃度 c［mol/L］の n 価の溶液 V［mL］中に含まれる酸の物質量

は $c\dfrac{V}{(^{1}\qquad)}$［mol］である。

したがって，この酸に含まれている水素イオンの物質量は

$(^{2}\qquad)\ c\dfrac{V}{(^{3}\qquad)}$［mol］となる。

24　濃度のわからない水酸化バリウム溶液 25.00 mL を中和するのに，0.092 mol/L の塩酸 10.52 mL を要した。水酸化バリウム溶液の濃度は何 mol/L か。

解　化学反応式は，

$Ba(OH)_2 + 2HCl \longrightarrow (^{1}\qquad\qquad) + 2H_2O$

$ncV = n'c'V'$ の式において，$n = 1$，$c = 0.092$ mol/L，

$V = 10.52$mL，$n' = 2$，$V' = 25.00$ mL であるから，

$1 \times (^{2}\qquad) \times (^{3}\qquad) = (^{4}\qquad) \times c' \times (^{5}\qquad)$

これを解いて，

$c' = (^{6}\qquad\qquad)$［mol/L］

25　下の図のように水酸化ナトリウム溶液を取り，中和するために硫酸を滴下したところ，8.53 mL を要した。この硫酸のモル濃度を求めよ。また，図の（　　）の中に器具名などを書き入れよ。

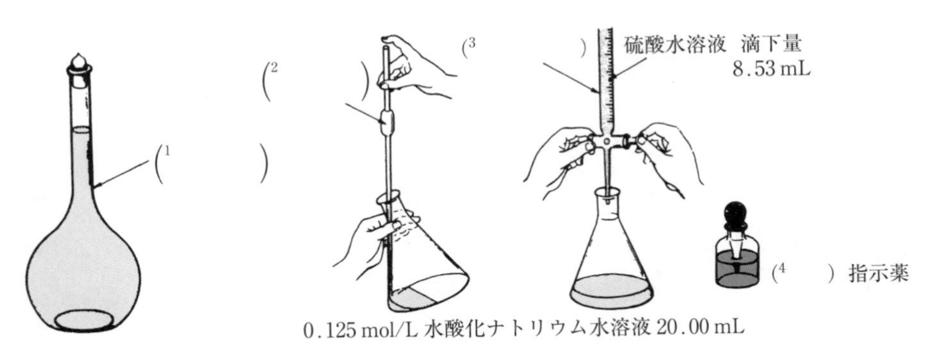

解　反応式は，$(^{5}\qquad\qquad\qquad\qquad)$

$n = (^{6}\qquad)$，$c = (^{7}\qquad)$ mol/L，$V = (^{8}\qquad)$ mL，

$n' = (^{9}\qquad)$，$V' = (^{10}\qquad)$ mL，硫酸のモル濃度を c' mol/L とする。

$(^{11}\qquad\qquad) = (^{12}\qquad\qquad)$　　➔ $ncV = n'c'V'$

よって，$c' = (^{13}\qquad\qquad)$［mol/L］

26 0.52 mol/L の硫酸 10.4 mL を中和するのに，0.15 mol/L の水酸化ナトリウム水溶液は何 mL 必要か。

解 n = (1　　　)，c = (2　　　　) mol/L，V = (3　　　　) mL，n' = (4　　　　)，
c' = (5　　　) mol/L
NaOH の必要量を V' mL とすると，
(6　　　　　　　) = (7　　　　　　　　　)　　V' = (8　　　　　) [mL]

27 水酸化ナトリウム 1.00 g を中和するには，0.50 mol/L の塩酸は何 mL 必要か。

➜ NaOH の式量は 40.0。

解 NaOH 1.00 g が出す OH^- の物質量は，(1　　　　) [mol]，
0.50 mol/L 塩酸の必要量 x [mL] 中の H^+ の物質量は，

$$1 \times (^{2}\quad\quad) \times \frac{x}{(^{3}\quad\quad)} \text{ [mol]}$$

中和は，酸の H^+ の物質量＝塩基の OH^- の物質量であるから，
これを解くと，x = (4　　　　) [mL]

28 0.405 mol/L の硫酸 300 mL を中和するためには，何 g の水酸化ナトリウムが必要か。　　　答 (1　　　　　) [g]

➜ 硫酸は 2 価の酸で，その 1 mol から 2 mol の H^+ を生じる。

29 0.225 mol/L の水酸化ナトリウム溶液 130 mL がある。これを水で薄めて 300 mL にした。濃度は何 mol/L か。

解 $cV = c'V'$ の式において，c = 0.225 mol/L，V = 130 mL，
V' = 300 mL であるから，

$$c' = \frac{cV}{V'} = \frac{(^{1}\quad\quad) \times (^{2}\quad\quad)}{(^{3}\quad\quad)} = (^{4}\quad\quad) \text{ [mol/L]}$$

30 濃度のわからない塩酸 12.4 mL を取り，これを水で薄めて 100 mL にして濃度を測定したら 0.747 mol/L であった。薄める前の塩酸の濃度は何 mol/L か。

解 V = (1　　　) mL，c' = (2　　　) mol/L，V' = (3　　　) mL であるから，

➜ $cV = c'V'$

$$c = \frac{c'V'}{V} = \frac{(^{4}\quad\quad) \times (^{5}\quad\quad)}{(^{6}\quad\quad)} = (^{7}\quad\quad) \text{ [mol/L]}$$

31 濃硫酸の濃度はおよそ 18.0 mol/L である。この濃硫酸を薄めて 3.00 mol/L の希硫酸 500 mL をつくりたい。濃硫酸何 mL が必要か。

解 $$V = \frac{c'V'}{c} = \frac{(^{1}\quad\quad) \times (^{2}\quad\quad)}{(^{3}\quad\quad)} = (^{4}\quad\quad) \text{ [mL]}$$

32　ある弱酸 HA 10 mL をコニカルビーカーに取り，ある指示薬を加えた。そこに塩基 BOH をビュレットから滴下し，pH の変化を測定し，右のグラフを得た。

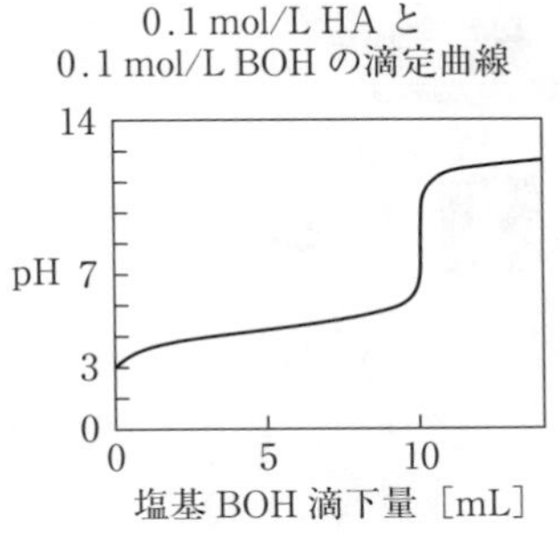

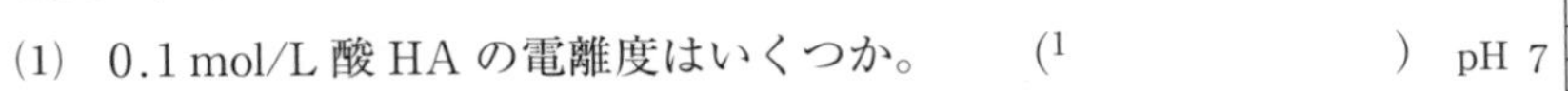

(1)　0.1 mol/L 酸 HA の電離度はいくつか。　（1　　　　　）

(2)　このとき用いた指示薬は何か。　（2　　　　　）

(3)　塩基 BOH は，アンモニア，水酸化ナトリウム，水酸化カルシウムのうち，どれと考えられるか。　（3　　　　　）

酸・塩基の規定度

溶液の濃度を表すのに mol/L を用いるが，かつて中和滴定では規定度を用いていた。

水素イオンまたは水酸化物イオンの 1 mol を生じる酸または塩基の質量［g］を 1 グラム当量とし，1 L 中に 1 グラム当量が溶けている溶液の濃度を 1 規定（1N）と決める。酸（塩基）の 1 mol と 1 グラム当量との関係は，

$$\text{酸（塩基）の 1 グラム当量} = \frac{\text{酸（塩基）の 1 mol の質量［g］}}{\text{酸（塩基）の価数}}$$

したがって，HCl や NaOH のように 1 価の酸や塩基ではモル濃度と規定度とは等しいが，H_2SO_4 や $Ba(OH)_2$ のように 2 価の酸や塩基の場合は，モル濃度を 2 倍にした値が規定度となる。濃度を規定度で表した場合は，

$$NV = N'V'$$

となる。ただし，N，N' は規定度，V，V' は中和に要した体積である。

33　水素イオンまたは水酸化物イオンの 1 mol を出すことのできる酸または塩基の質量［g］を 1 グラム当量という。次の文の（　　）の中に，数値を入れよ。

(1)　HCl（式量 36.5）の 1 グラム当量は（1　　　　）［g］である。

(2)　H_2SO_4（式量 98.1）の 1 グラム当量は（2　　　　）［g］である。
（H_2SO_4 は 2 価の酸である）

(3)　NaOH（式量 40.0）の 1 グラム当量は（3　　　　）［g］である。

34　溶液 1 L 中に酸または塩基が 1 グラム当量含まれているとき，その濃度を 1 規定といい，記号で 1 N と表す。次の文の（　　）の中に，数値を入れよ。

(1)　H_2SO_4 2 グラム当量（98.1 g）を含む硫酸水溶液が 1 L ある。この溶液の濃度は（1　　　　）規定である。モル濃度で表すと（2　　　　）［mol/L］である。

(2)　NaOH 0.1 グラム当量（4.0 g）を含む水酸化ナトリウム水溶液が 1 L ある。この濃度は（3　　　　）規定である。モル濃度で表すと（4　　　　）［mol/L］である。

規定度［N］＝モル濃度［mol/L］× 酸（塩基）の価数

第5章　気体の性質

1 いろいろな気体　工業化学1　p. 110〜115

1　次の文の（　　）の中に文字・化学式または数字を記入せよ。

水素は，（1　　　）色（2　　　）臭の気体で，空気中には微量にしか存在しない。実験室で水素を得るには，水を電気分解するか，亜鉛に希硫酸を加える。

水の電気分解の反応式は

（3　　　　）H_2O ⟶ （4　　　　）＋（5　　　　）

亜鉛に希硫酸を加える反応式は，

$Zn + H_2SO_4$ ⟶ （6　　　　）＋（7　　　　）

燃料電池自動車に利用されるときに排出されるのは（8　　　　）である。

2　一酸化炭素と二酸化炭素の性質を次のような表にした。空欄を埋めよ。

	一酸化炭素	二酸化炭素
色	無色	（1　　　　）
におい	（2　　　　）	無臭
水への溶解性	（3　　　　）	（4　　　　）
毒性	（5　　　　）	低い
実験室的製法（化学反応式）	ギ酸に濃硫酸を加え加熱	石灰石に希塩酸を加える

3　次の文の（　　）の中に文字・化学式または数字を記入せよ。

(1)　アンモニアは（1　　　）色の気体で，強い（2　　　）がある。

その水溶液を（3　　　）といい，リトマス紙を（4　　　）色から（5　　　）色に変える性質がある。

アンモニアは実験室では，（6　　　）と（7　　　）の混合物を加熱して得られる。化学反応式は次のようである。

2（8　　　）＋（9　　　）

⟶ $2NH_3$ ＋（10　　　）＋ $2H_2O$

(2)　アンモニアは，次の反応で合成される。

（11　　　）＋（12　　　）⟶（13　　　）NH_3

この反応は，ドイツの（14　　　）がボッシュと協力して，高い温度と高い（15　　　）のもとで，鉄を主成分とする（16　　　）を用いる方法によって，はじめて成功した。

➜ リトマス紙を用いるかわりにフェノールフタレイン溶液を加えると赤色になる。

➜ 工業的な製法は工業化学1 p. 251 参照。

4　次の文の（　　）の中に適当な語句を，〔　　〕の中に適当な化学式を記入せよ。

(1)　空気または酸素に（1　　　　）を当てるか，または空気中で（2　　　　）を起こさせると，酸素の一部がオゾン〔3　　　　〕に変わる。酸素とオゾンは互いに（4　　　　）である。

オゾンは（5　　　　）作用が強く，空気や水の（6　　　　）や，工場排水中の（7　　　　）の処理などに使われている。

地表から 15〜30 km の高さの大気中には，太陽からの（8　　　　）の作用で（9　　　　）とよばれる層ができており，これが生物にとって有害な（10　　　　）を吸収している。

➜ オゾン ozone は 1840 年ドイツの化学者シェーンバインが発見し，なまぐさいにおいがあるので，ギリシャ語の ozein（におう）から名付けた。

(2)　窒素〔11　　　　〕は化学的に（12　　　　）性な気体であるが，工業的に（13　　　　）NH_3 などの原料として重要である。

➜ 工業化学 1 p. 64 参照。

5　次の反応式の（　　）の中に，化学式および必要な係数を記入せよ。

(1)　$N_2 + O_2 \longrightarrow$（1　　　　）

(2)　$2NO + O_2 \longrightarrow$（2　　　　）

6　次の文の（　　）の中に適当な文字を記入せよ。

N_2O は（1　　　　）色の気体で，化学名は（2　　　　）であるが，吸入した人の表情から（3　　　　）ともよばれ，病院で（4　　　　）用のガスとして使われている。

➜ N_2O は亜酸化窒素ともいう。

7　次の文の（　　）の中に適当な語句を，〔　　〕の中に化学式を書け。

(1)　二酸化硫黄は，（1　　　　）が空気中で焼燃すると生じる。

S＋〔2　　　　〕$\longrightarrow$〔3　　　　〕

二酸化硫黄は（4　　　　）色で（5　　　　）臭があり，有毒である。水によく溶けて弱い（6　　　　）性を示す。

(2)　三酸化硫黄は，（7　　　　）と酸素の混合物を高温で（8　　　　）に触れさせてつくる。

2〔9　　　　〕＋ $O_2 \longrightarrow$ 2〔10　　　　〕

三酸化硫黄は（11　　　　）色の固体で，水と激しく反応して（12　　　　）を生じる。

2 気体の性質　工業化学1　p. 116〜128

1 気体の体積と圧力・温度

8 次の文の（　　）の中に適当な語句または数を，［　　］の中に適当な単位記号を記入せよ。

ボイルの法則をことばで表せば「(1　　　　)が一定ならば，(2　　　　)の気体の体積は(3　　　　)に(4　　　　)する」ということである。

➔「圧力」,「体積」,「温度」の英語を覚えておこう。

圧力の基本単位は(5　　　　)すなわちPaで，ほかの単位との間には次の関係がある。

1 atm = 101.3［6　　　　］= 760［7　　　　］

また，体積の単位の間の関係は次のようである。

$1\,m^3$ = (8　　　　) L，1 L = (9　　　　) mL

➔ 1 hPa = 100 Pa = 1 mbar
1 atm = 1 013 hPa = 101.3 kPa*
＊詳しくは 101.325 kPa であるが，ふつうの計算にはこの程度でよい。

9 圧力 557 kPa，体積 0.045 m^3 の窒素の圧力を 106 kPa とすると，体積は何 m^3 になるか。ただし，温度は変わらないとする。

解　$p_1V_1 = p_2V_2$ の式に，p_1 = (1　　　　) kPa，V_1 = (2　　　　) m^3，p_2 = (3　　　　) kPa を入れて V_2 を求めればよい。

(4　　　　) × (5　　　　) = (6　　　　) × V_2

V_2 = $\dfrac{(7\qquad)\times(8\qquad)}{(9\qquad)}$ = (10　　　　)［m^3］

10 圧力 741 mmHg の天然ガス 25.0 m^3 を圧縮して 1740 L とした。圧力は何 atm になったか。また，それは何 kPa か。温度は一定とする。

➔ 圧力をPaまたはmmHgに，体積をLに統一してもよいが，なるべく計算につごうのよい単位を選ぶようにする。

解　$p_1V_1 = p_2V_2$ の式を用いるが，いろいろな単位が使われているから，統一した単位で計算を進めるように注意する。たとえば，圧力の単位を atm に，体積の単位を m^3 に統一すると，

p_1 = 741 mmHg = $\dfrac{741}{(1\qquad)}$ atm = (2　　　　) atm

$V_1 = 25.0\,m^3$，V_2 = 1740 L = (3　　　　) m^3

ゆえに，

(4　　　　) × (5　　　　) = p_2 × (6　　　　)

p_2 = $\dfrac{(7\qquad)\times(8\qquad)}{(9\qquad)}$ = (10　　　　)［atm］

これを換算すると，

(11　　　　) × 101.3 = (12　　　　)［kPa］

➔ 1 000 kPa を 1 MPa（メガパスカル）という。答えを MPa に換算してみよう。

11　次の文の（　　）の中に適当な語句または数を記入せよ。

工業化学１ p. 119 参照。

シャルルの法則をことばで表せば，「(1　　　　　）が一定ならば，(2　　　　　）の気体の体積は，温度が１℃ 上がるごとに０℃ のときの体積の（3　　　　　）倍ずつ（4　　　　　）する」ということである。

すなわち温度 t［℃］のときの気体の体積を V，０℃ のときの体積を V_0 で表すと，（5　　　　　）が一定ならば，

$$V = V_0 \times \frac{(^6 \qquad\quad) + t}{(^7 \qquad\quad)}$$

このことから考えると，気体を（8　　　　　）℃ まで冷やすと体積は０になるはずである。この温度を（9　　　　　）零度という。

また，（10　　　　　）$+ t = T$ とおいて，T を（11　　　　　）温度といい，その単位は（12　　　　　）で，単位記号は［K］である。

12　次の温度の単位を換算せよ。

100 ℃ ＝（1　　　　　）K　　　−150 ℃ ＝（2　　　　　）K

298 K ＝（3　　　　　）℃　　　1000 K ＝（4　　　　　）℃

13　10 ℃，101.3 kPa の気体を，圧力一定のままもとの体積の 1.3 倍にするには何℃ まで加熱したらよいか。

解　もとの体積を V_1 とすると，加熱後の体積 V_2 は V_1 の 1.3 倍なので

$V_2 = 1.3V_1$ である。

また，

$T_1 = 273 +$（1　　　　　）＝（2　　　　　）K

であるので

$$\frac{V_1}{T_1} = \frac{1.3V_1}{T_2}$$

$T_2 = 1.3 \times$（3　　　　　）＝（4　　　　　）K

ゆえに

$T_2 - 273 =$（5　　　　　）℃

14 次の文の（　　）の中に適当な語句を記入せよ。

ボイル-シャルルの法則をことばで表せば「(1　　　　)の気体の体積は，(2　　　　)に(3　　　　)し，(4　　　　)に比例する」ということである。

➔ 工業化学1 p.121 参照。

15 20℃，1 atm で 180 m^3 の教室内における空気の温度が 5℃ 上昇し，体積が増えた分の空気は室外に出ていった。室内にあった空気の何% が出ていったか。ただし，圧力は変わらなかったとする。

解　$\dfrac{p_1V_1}{T_1}=\dfrac{p_2V_2}{T_2}$ の式を用いる。

$V_1=$ (1　　　　) m^3

$T_1=273+$ (2　　　　) $=$ (3　　　　) K

$T_2=$ (4　　　　) $+$ (5　　　　) $=$ (6　　　　) K

$\dfrac{(7\quad\quad)}{(8\quad\quad)}=\dfrac{V_2}{(9\quad\quad)}$

$V_2=\dfrac{(10\quad\quad)\times(11\quad\quad)}{(12\quad\quad)}=$ (13　　　　) [m^3]

➔ この答えは小数第1位まで求めること（小数第2位を四捨五入）。

ゆえに，室外に出ていった空気の割合は，

$\dfrac{(14\quad\quad)-180}{(15\quad\quad)}\times100=$ (16　　　　) [%]

➔ この答えも小数第1位まで求める。

16 高さ 3000 m の山頂で気温をはかったら −5℃，気圧は 702 hPa であった。20℃，1013 hPa の地表で 1 m^3 の空気は，この山頂では何 m^3 になるか。

➔ 圧力の単位は hPa だけで他の単位が使われていないから，そのままでよい。一つの単位に統一されていることが大切。

解　$\dfrac{p_1V_1}{T_1}=\dfrac{p_2V_2}{T_2}$ の式を用いる。

地表：$p_1=1013$ hPa，$V_1=1$ m^3，$T_1=$ (1　　　　) K

山頂：$p_2=$ (2　　　　) hPa，$T_2=$ (3　　　　) K

$\dfrac{1013\times1}{(4\quad\quad)}=\dfrac{(5\quad\quad)\times V_2}{(6\quad\quad)}$

$V_2=\dfrac{(7\quad\quad)\times1\times(8\quad\quad)}{(9\quad\quad)\times(10\quad\quad)}=$ (11　　　　) [m^3]

➔ p_1，V_1，T_1 を地表，山頂のどちらの値にしてもよいが，混乱しないように気を付けよう。

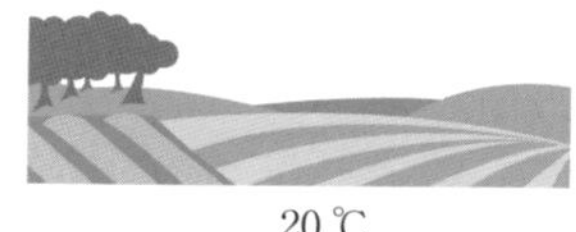

17 ボイル-シャルルの法則の式で，もし温度が一定ならばどうなるか。

解　$T_1=T_2$ であるから，式の中の (1　　　　) と (2　　　　) が消えて，(3　　　　) の法則の式になる。

2 気体の状態方程式

18 次の文の（　　）の中に，語句，数，または記号を記入せよ。

1 mol の気体について $\dfrac{pV}{T}$ を数値計算すると，

（1　　　　）［Pa・m^3/(mol・K)］

という値になる。この値を（2　　　　）といい，（3　　　　）という記号で表す。ゆえに n［mol］の気体については，

$pV =$（4　　　　）

という式が成り立つ。この式を気体の（5　　　　）方程式という。

19 23 ℃ のヘリウム He が 108.4 kPa の圧力でつめられた，直径 2.50 m の球形の気球がある。ヘリウムは何 kg つめられているか。

➜ 1 atm = 101.3 kPa

解　$pV = nRT$ の式を用いる。

➜ 圧力の単位に注意。

$p =$（1　　　　）×（2　　　　）Pa

$V = \pi \times \dfrac{2.50^3}{6} =$（3　　　　）m^3

➜ 球の半径を r，直径を D とすると，

$$球の体積 = \frac{4}{3}\pi r^3 = \frac{\pi D^3}{6}$$

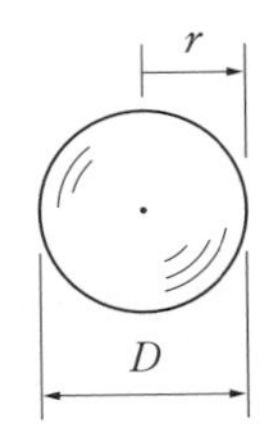

$R =$（4　　　　）［5　　　　　　　　］

$T =$（6　　　　）K

（7　　　　）×（8　　　　）$= n \times$（9　　　　）×（10　　　　）

$n = \dfrac{(11\quad\quad) \times (12\quad\quad)}{(13\quad\quad) \times (14\quad\quad)} =$（15　　　　）［mol］

ヘリウムの分子量は 4.0 であるから，ヘリウムの質量は，

4.0 ×（16　　　　）=（17　　　　）［g］

=（18　　　　）［kg］

3 気体の密度と比重

20 右の図のような実験で，次のデータが得られた。

真空のときの質量 91.75 g

二酸化炭素を入れたときの質量 92.16 g

フラスコの容積 228 mL

二酸化炭素の密度［g/L］を小数第１位まで求めよ。

解　（1　　　　）−（2　　　　）=（3　　　　）

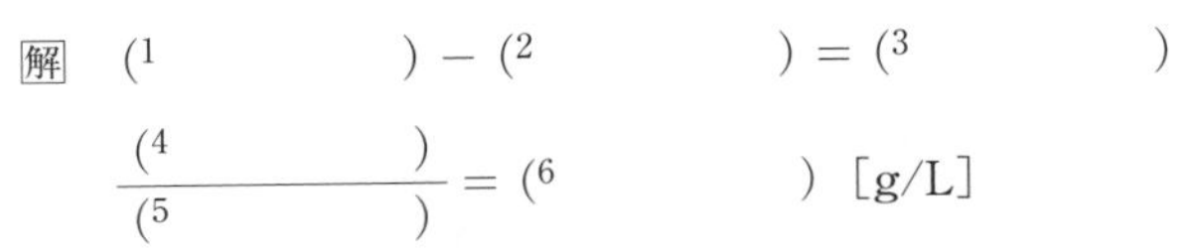

$\dfrac{(4\quad\quad)}{(5\quad\quad)} =$（6　　　　）［g/L］

21 メタンの密度（0℃，101.3 kPa）を測定したら 0.717 g/L であった。メタンの分子量を求めよ。

解　（1　　　　）×（2　　　　）＝（3　　　　）

22 **21** の密度のデータからメタンの比重を求めよ。　　　➔ 空気の密度は 1.293 g/L。

解　$\dfrac{(^1\quad\quad)}{(^2\quad\quad)}$ ＝（3　　　　）

4 気体の拡散

23 次の文の（　　）の中に適当な語句を記入せよ。

下の図のように，水素と空気が自然に混ざり合ったり，空気より（1　　　　）い臭素の蒸気が空気中に広がっていくような現象を（2　　　　）といい，気体の（3　　　　）が運動していることによって起こる。

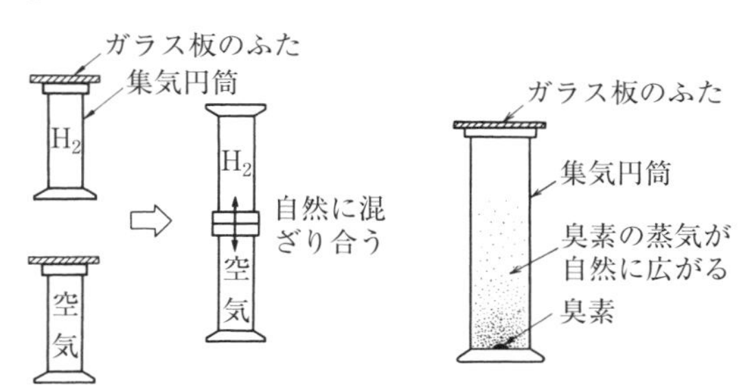

5 気体の分圧

24 次の文の（　　）の中に適当な句語を記入せよ。

混合気体の圧力を（1　　　　）といい，同じ温度において各成分気体が単独で同じ体積を占めるときに示す圧力を（2　　　　）という。（3　　　　）は，各成分気体の（4　　　　）に比例し，したがって体積百分率に（5　　　　）する。

「混合気体の（6　　　　）は，各成分気体の（7　　　　）の和である」

このことをドルトンの（8　　　　）の法則という。

25 水素 H_2 4.00 g と窒素 N_2 168 g を混合して，全圧を 1.52×10^4 kPa にした。水素の分圧は何 kPa か。

解　それぞれの物質量を求めると，

水素　$\dfrac{4.00}{(^1\quad\quad)}$ ＝（2　　　　）[mol]

窒素　$\dfrac{168}{(^3\quad\quad)}$ ＝（4　　　　）[mol]

すなわち，水素の物質量は全体の物質量の $\dfrac{1}{(^5\quad\quad)}$ である。

ゆえに，水素の分圧は全圧の $\dfrac{1}{(^6\quad\quad)}$ で，

$\dfrac{1.52 \times 10^4}{(^7\quad\quad)}$ ＝（8　　　　）[kPa]

6 理想気体と実在気体

26 次の理想気体と実在気体に関する記述で，正しいものをすべて選び，(ア)〜(カ)の記号で答えよ。

(ア) 理想気体では，分子の体積や質量が無視されている。

(イ) 理想気体は冷却しても圧縮しても，凝縮や凝固は起こらない。

(ウ) 理想気体は，−273 ℃ になると，体積は 0 になる。

(エ) 実在気体は，高温・低圧のとき，理想気体と見なして差し支えない。

(オ) ヘリウムとアンモニアの気体は，0 ℃，1013 hPa でアンモニアの方が理想気体に近い性質を示す。

(カ) 実在気体 1 mol の $\dfrac{pV}{RT}$ の値は，高圧になるほど 1 からずれてくる。

答 (1　　　　)

27 次の気体のうち，理想気体と最も異なる挙動を示すものはどれか，記号で答えよ。

(ア) CH_4　(イ) CO_2　(ウ) H_2　(エ) He　(オ) Ne

答 (1　　　　)

7 気体の液化

28 次の文の（　　）の中に適当な語句を記入せよ。

気体の液化は，ある温度（1　　　　）でないと起こらない。この限界の温度を（2　　　　）温度といい，その温度で液化させるのに必要な圧力を（3　　　　）という。温度がこの温度より（4　　　　）いほど，液化に要する圧力は小さくてすむ。

29 次の気体のうち，20 ℃ で液化させることが不可能なのはどの気体か。ただし，〔　　〕内は臨界温度である。a〜c から選べ。

a. CO_2〔31.1 ℃〕

b. Cl_2〔143.8 ℃〕

c. CH_4〔−82.6 ℃〕

答 (1　　　　)

30 右の二酸化炭素の状態図の（　　）に適当な状態を，［　　］に点の名前を入れよ。

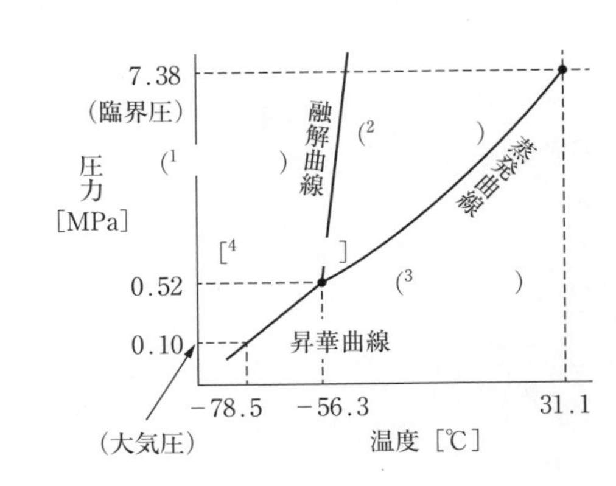

第6章　元素の性質

1　元素の分類と周期表　工業化学1　p. 132～134

1　次の文の（　　）の中に適当な文字または数字を記入せよ。

(1)　ロシアの化学者（1　　　　　　　）は，元素を（2　　　　　）の順に並べて周期表をつくったが，その後，（3　　　　　）の順に並べるほうがさらに合理的であることがわかった。

(2)　周期表で（4　　　　）に並んでいる元素の集まりを族といい，左端の（5　　　　）族から右端の（6　　　　）族までである。また，周期表の（7　　　　）の列を（8　　　　）という。

(3)　周期表の1，2，13～18族の元素を（9　　　　）元素といい，同じ（10　　　　）の元素の性質はよく似ている。また3～12族の元素を（11　　　　　）元素という。

2　次の元素はそれぞれ何か。

答　例：He…18族

S…（1　　　）族　Ca…（2　　　）族　Cu…（3　　　）族

C…（4　　　）族　Mn…（5　　　）族　Co…（6　　　）族

N…（7　　　）族　Ar…（8　　　）族　Zn…（9　　　）族

B…（10　　　）族　Ni…（11　　　）族　Fe…（12　　　）族

アルカリ金属…（13　　　）族　ハロゲン…（14　　　）族

2　典型元素　工業化学1　p. 135～158

3　次の元素のうち，典型元素でない元素はどれか。

(1)　C　Co　Cs　Cr　Cl　Ca　Cu

答　（1　　　　　　　　）

(2)　N　Ne　Na　Ni　Nb

答　（2　　　　　　　　）

➔ CとNの付く元素記号を集めてみた。ほかにもまだいくつかある。探してみよう。

4 下の図は，アルカリ金属の物理的性質を示す。下の(1)〜(3)にあてはまるアルカリ金属の元素記号を書け。

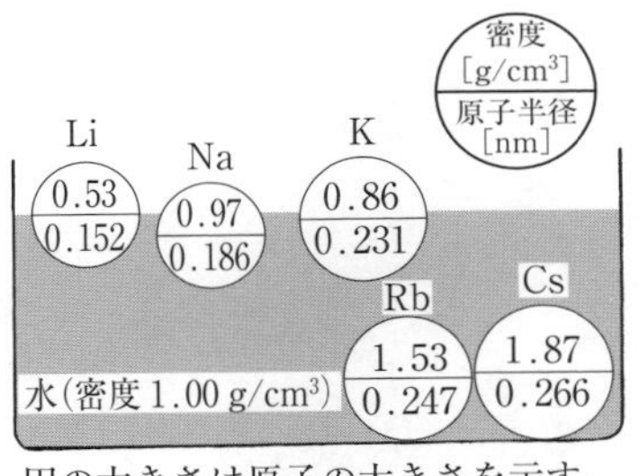

円の大きさは原子の大きさを示す。
円の位置は水に浮くか沈むかを示す。

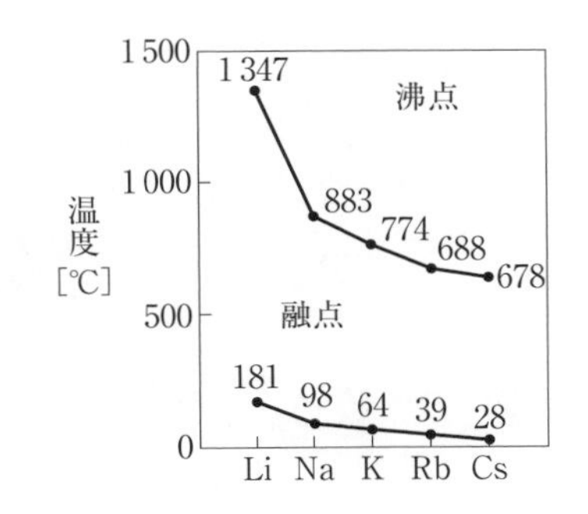

(1) 水より軽いアルカリ金属　(1　　　)

(2) 融点が100℃以上のアルカリ金属　(2　　　)

(3) 原子が最も大きいアルカリ金属　(3　　　)

➡ フランシウム Fr もアルカリ金属であるが，天然にはほとんど存在しない放射性元素であるから，ここでは考えなくてよい。

➡ アルカリ金属を実際に水の中に入れれば激しく反応するから（Li は比較的おだやかであるが），図のように水に入れるのは非常に危険である。なお，アルカリ金属の反応性の強さは，
　Cs ＞ Rb ＞ K ＞ Na ＞ Li
の順である。

5 次の表は，金属の炎色反応の色を表したものである。色名の a〜e の記号を表の中に記入せよ。

a. 赤紫　b. 青緑　c. 黄　d. 橙赤　e. 赤

金属	Na	Cu	Li	K	Ca
色	(1　　)	(2　　)	(3　　)	(4　　)	(5　　)

➡ アルカリ金属のうち，Rb と Cs は，炎色反応のスペクトルの色から元素名が付けられた。
Rb（Rubidium）はラテン語の rubidus（赤）から。
Cs（Caesium）はラテン語の caesius（青灰色）から。

6 右の図の実験について答えよ。

時計皿
ナトリウム
水でぬらした沪紙

(1) ナトリウムが燃えるときの炎はどのような色か。

答 (1　　　) 色

(2) Na が空気中で燃えて生じる物質の名称と化学式を書け。

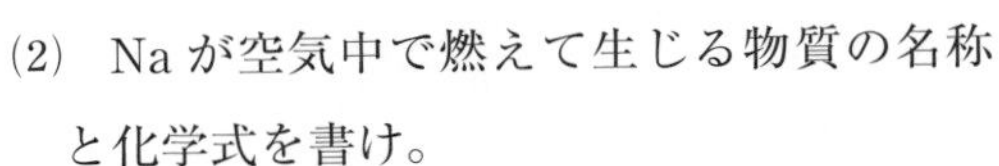

答 (2　　　　　　　　　)

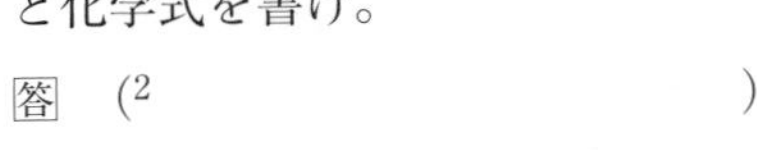

(3) 反応が終わったあと，沪紙の上にフェノールフタレイン溶液を滴下すると何色になるか。

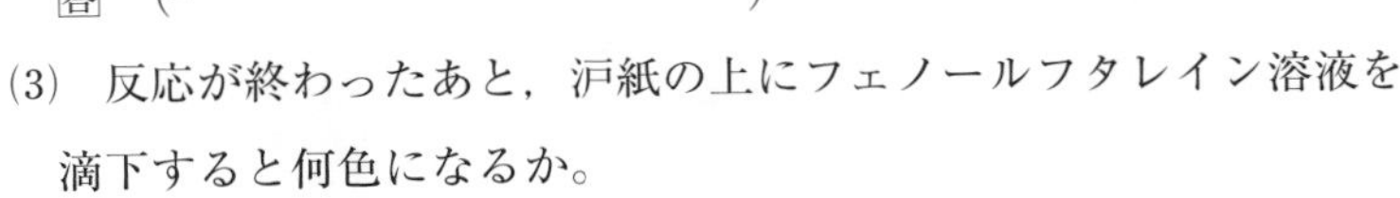

答 (3　　　) 色

(4) この反応で水の中に生じた物質の名称と化学式を書け。

答 (4　　　　　　　　　)

7 次の文の（　　）の中に適当な語句を記入せよ。

(1) 塩化ナトリウム NaCl の結晶は（1　　　　）結晶で，電気を（2　　　　）。

NaCl の（3　　　　）や，NaCl を加熱し（4　　　　）させたものは電気をよく通すが，これは結晶を形づくっていたナトリウム（5　　　　）と（6　　　　）が自由に移動できるようになったからである。

(2) 水酸化ナトリウムが空気中の（7　　　　）を吸収して溶けるような現象を一般に（8　　　　）といい，炭酸ナトリウムの結晶が空気中で（9　　　　）を失って粉末状になるような現象を，一般に（10　　　　）という。

➔ (1)のような性質は，塩化ナトリウムだけでなく，イオンでできている結晶に共通する性質である。

8 次の場合に起こる反応の化学反応式を書け。

(1) 塩化ナトリウムの水溶液に硝酸銀の水溶液を加える。

答 （1　　　　　　　　　　　　　　）

(2) 水酸化ナトリウムの水溶液が二酸化炭素を吸収する。

答 （2　　　　　　　　　　　　　　）

9 右の図のような実験をした。

(1) ふたまた試験管の中の液体を混ぜたときに起こる反応の化学反応式を書け。

答 （1　　　　　　　　　　　　　　）

(2) 発生した気体を石灰水中に通じると，白い濁り（沈殿）を生じる。これは，気体中に何が含まれていることを示すか。

答 名称（2　　　　　　），化学式（3　　　　）

希塩酸　炭酸ナトリウム水溶液　石灰水

10 炭酸水素ナトリウム $NaHCO_3$ 100 g を加熱するときに生じる CO_2 の 0℃，101.3 kPa における体積を求めよ。

解 $2NaHCO_3 \longrightarrow Na_2CO_3 + CO_2 + H_2O$

100 g　　　　　　x [L]（0℃，101.3 kPa）

2 ×（1　　　　）g　　　　22.4 L（0℃，101.3 kPa）

$$\frac{100}{2 \times (^{2}\qquad\qquad)} = \frac{x}{22.4}$$

これを解いて，

答 （3　　　　）[L]

11　図は４種類のナトリウム化合物の間の関係を示したものである。図中の(ア)～(キ)の反応を起こす操作を下から選べ。

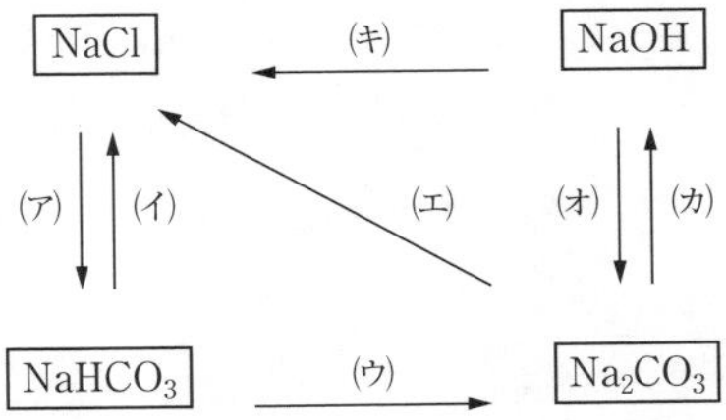

① 水素を通じる。　② 二酸化炭素を通じる。
③ 酸素を通じる。　④ アンモニアを通じる。
⑤ 塩酸を加える。　⑥ 固体を加熱する。
⑦ アンモニアと二酸化炭素を通じる。
⑧ 水酸化カルシウムの濃厚溶液を加える。

答　(ア) (1　　) (イ) (2　　) (ウ) (3　　) (エ) (4　　) (オ) (5　　) (カ) (6　　) (キ) (7　　)

12　次の①～④の化合物の性質を示すものを，下の(ア)～(エ)から選べ。

① NaOH　② NaCl　③ $NaHCO_3$　④ Na_2CO_3

(ア) 半透明の結晶で，空気中に放置すると潮解性を示す。
(イ) 十水和物は半透明の結晶で，空気中に放置すると風解性を示す。
(ウ) 白色の粉末で，加熱すると二酸化炭素を発生する。
(エ) 結晶は立方体で，水溶液は中性を示す。

答　① (1　　)　② (2　　)　③ (3　　)　④ (4　　)

13　次の文中の（　　）に適当な語句，数値，化学反応式を入れよ。

Mg，Ca，Sr，Ba などは周期表の (1　　) 族に属しており，(2　　　　) 金属という。これらの元素は，いずれも (3　　) 個の価電子を失って陽イオンになりやすい。

カルシウムを水に入れると気体を発生しながら溶け，水溶液は白濁してくる。この反応は化学反応式では，

(4　　　　　　　　　　　　　　　　　　　　)

と表される。

水酸化カルシウムの水溶液は石灰水とよばれ，二酸化炭素を通じると白濁する。この反応は化学反応式では，

(5　　　　　　　　　　　　　　　　　　　　)

と表され，さらに二酸化炭素を通じると白濁は消え，変化は化学反応式では，

(6　　　　　　　　　　　　　　　　　　　　)

と表される。

炭酸カルシウムは大理石や石灰石などの主成分である。炭酸カルシウムを強熱すると (7　　　　) を発生して白色の (8　　　　) になる。(8　　　　) は生石灰ともよばれ，水と多量の熱を出して反応し (9　　　　) になる。(9　　　　) は消石灰ともよばれ，水にわずかに溶け (10　　　) 性を示す。

14 石灰石（炭酸カルシウム）と希塩酸の反応で二酸化炭素を発生させるときに，右図に示すキップの装置を用いた。次の文中の（　　）に適する装置の部位を図中の記号(ア)～(エ)で示せ。

(イ)に石灰石を入れ，（1　　　）に塩酸を入れる。コック(エ)を開くと（2　　　）の中の気体が出て，塩酸は（3　　　）から(イ)まで達し，石灰石と反応して二酸化炭素を発生する。コックを閉じると（4　　　）内の圧力が増し，塩酸が（5　　　）に戻ることにより，石灰石と塩酸が分離して反応が止まる。

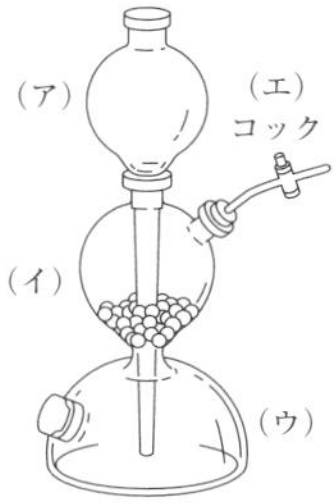

(ア)　(エ) コック　(イ)　(ウ)

15 水酸化カルシウムに関連して，図に示すような反応が考えられる。次の問いに答えよ。

(1) (ア)～(オ)の物質の化学式を書け。

(ア)（1　　　　　）
(イ)（2　　　　　）
(ウ)（3　　　　　）
(エ)（4　　　　　）
(オ)（5　　　　　）

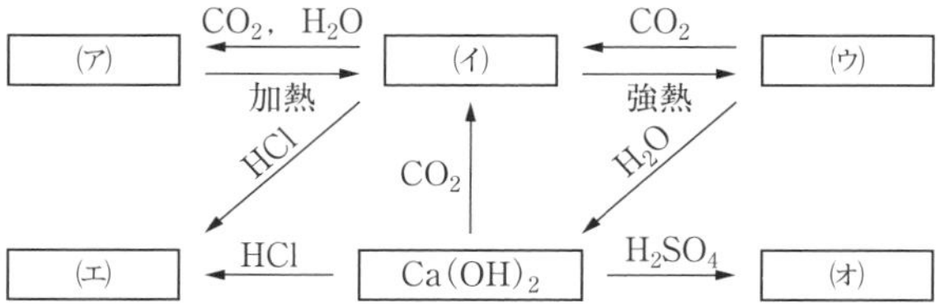

(ア) ⇄ (イ)：CO_2，H_2O ／ 加熱
(イ) ⇄ (ウ)：CO_2 ／ 強熱
(イ) → (エ)：HCl
$Ca(OH)_2$ → (イ)：CO_2
(ウ) → $Ca(OH)_2$：H_2O
$Ca(OH)_2$ → (エ)：HCl
$Ca(OH)_2$ → (オ)：H_2SO_4

(2) (ア)～(オ)の物質の中で，水への溶解度が最も小さいものはどれか。　答（6　　　）

16 右の写真について，(1)～(3)の問いに答えよ。

(1) 何の写真か。　答（1　　　）洞の写真

(2) この空洞はどのようにしてできたものか。

答（2　　　）を含んだ雨水が（3　　　）石を溶かしてできた。

(3) 上の反応の化学反応式を書け。

答（4　　　　　　　　　　　　　　　　）

17 次の文の（　　）の中に，適当な語句，化学式，反応式を入れよ。

アルカリ土類金属は水と反応して（1　　　）となり，（2　　　）を発生する。カルシウムの場合は次の化学反応式となる。

（3　　　　　　　　　　　　　　　　）

石灰石・大理石は（4　　　）でできており，化学式は（5　　　）である。これは，セメント・カーバイドの原料となる。

また，これは水に溶けにくいが，二酸化炭素を含んだ水には溶ける。鍾乳洞は次の化学反応式で表される物質の変化によってつくりだされる。

（6　　　　　　　　　　　　　　　　）

18　次の反応の化学反応式を書け。

(1)　酸化カルシウムに水を加える。

答　([1]　　　　　　　　　　　　　　　　　　　)

(2)　金属マグネシウムが空気中で焼燃する（右の図）。

答　([2]　　　　　　　　　　　　　　　　　　　)

マグネシウムリボン

白煙

(3)　塩化バリウム $BaCl_2$ の水溶液に希硫酸を加えると，硫酸バリウムが沈殿する。

答　([3]　　　　　　　　　　　　　　　　　　　)

19　13族元素について，次の（　　）に適当な語句を記入せよ。

13族元素は（[1]　　　　）B,（[2]　　　　）Al，ガリウム Ga，インジウム In，タリウム Tl の５元素などである。いずれも（[3]　　）個の価電子をもち，（[4]　　）価の（[5]　　）イオンになりやすい。

ホウ素だけは（[6]　　　　）元素で，そのほかは（[7]　　　　）元素である。

ニホニウムは，（[8]　　　　）を加速させて（[9]　　　　）に衝突させることによってできた，自然界に存在しない元素である。

➔ 13族元素の融点は次のようである。

B	2300	℃
Al	660	℃
Ga	27.78	℃
In	156.6	℃
Tl	304	℃

20　アルミニウムの性質に関して次の（　　）に適当な語句または化学反応式を記入せよ。

(1)　アルミニウムの粉末と三酸化二鉄の粉末を混ぜて点火すると次のような反応が起こる。

$2\,Al + Fe_2O_3 \rightarrow$ ([1]　　　　　　　　　　　　　　　　)

また，アルミニウムの粉末や箔に酸素中で点火すると激しく燃える。その化学反応式は次のようである。

([2]　　　　　　　　　　　　　　　　　　　　)

(2)　アルミニウムは，空気中でその（[3]　　　　）に（[4]　　　　）の硬い皮膜ができ，内部の酸化が防止される。このような皮膜を人工的につくったものが（[5]　　　　）である。

(3)　アルミニウムは塩酸や硫酸にはよく溶けるが，（[6]　　　　）のような（[7]　　　　）力のある酸には溶けにくい。

これは上の(2)と同じ理由で内部が保護されるからで，このような状態を（[8]　　　　）という。

(4)　水酸化アルミニウム $Al(OH)_3$ は，塩酸にも水酸化ナトリウム溶液にも溶ける。その化学反応式は次のようである。

([9]　　　　　　　　　　　　　　　　　　　　)

([10]　　　　　　　　　　　　　　　　　　　　)

(5)　酸化アルミニウムは（[11]　　　　）ともよばれ，（[12]　　　　）が高いので，耐火物に使われる。ルビーや（[13]　　　　）の主成分である。

21 複塩（double salt）とは何か。ミョウバンを例にして説明せよ。ただし，〔　〕には化学式を記入せよ。

答　ミョウバンは，(1　　　)〔2　　　　〕の水溶液と(3　　　) K_2SO_4 の水溶液との混合物から得られる無色の結晶で，〔4　　　　〕という組成式で表す。

この結晶を水に溶かすと，

$AlK(SO_4)_2 \longrightarrow$〔5　　　〕+〔6　　　〕+ 2〔7　　　〕

のように電離する。このように2種類以上の（8　　　）が結合してできた塩で，水に溶かすと電離してもとの（9　　　）と同じ（10　　　）を生じるものが複塩である。

➔ ミョウバンは古くから知られた物質で，その英語表記である alum はラテン語の alumen（にがい塩）からできたという。アルミニウム aluminium という元素名は alum の成分元素であることから名付けられた。

22 次の変化を化学反応式で表せ。

(1) 塩化アルミニウム水溶液に水酸化ナトリウム水溶液を加えると，白色の沈殿を生成する。

答（1　　　　　　　　　　　　　　　　　　）

(2) (1)で生成した白色沈殿に水酸化ナトリウム水溶液を加えると，沈殿は溶けて無色透明な液体になる。

答（2　　　　　　　　　　　　　　　　　　）

23 次の文の（　）の中に適当な数値または語句を入れ，下線部は正しければ○，誤っていれば×と答えて正しい表現になおせ。

(1) 炭素，ケイ素は，ともに周期表の（1　　　）族に属する<u>遷移元素</u>[2]で，ともに価電子の数は（3　　　）個であり，ほかの原子と<u>イオン結合</u>[4]をして化合物をつくる。（2　　　）（4　　　）

(2) 炭素は周期間の第（5　　　）周期の元素で，<u>非金属元素</u>[6]である。（6　　　）

C
Si
Ge
Sn
Pb

➔ 同族のスズ・鉛は金属元素である。

(3) 同じ元素からなる単体が2種類以上ある場合，それらを互いに，<u>同位体</u>[7]という。（7　　　）

炭素には，（8　　　），（9　　　），無定形炭素，フラーレンなどの（10　　　）がある。

(4) 炭素は，すべての単体の中で最も（11　　　）が高く，原子価が（12　　　）価の化合物をつくることが多い。

(5) 木炭などに特別の処理をして吸着力を増大したものを（13　　　）といい，脱色剤・脱（14　　　）剤として用いられる。

24　次の説明について，ダイヤモンドの場合はd，黒鉛（グラファイト）の場合はg，無定形炭素の場合はaを（　　）の中に入れよ。

(1)　黒色不透明で金属光沢のある軟らかい結晶である。　(1　　　)
(2)　木炭・コークスのように黒色不透明でやや硬い。　(2　　　)
(3)　無色透明で物質中で最も硬い結晶である。　(3　　　)
(4)　カーボンブラックは黒色微粉状の炭素である。　(4　　　)
(5)　熱や薬品に強く，電気の良導体である。　(5　　　)
(6)　ほとんどの薬品に侵されず，屈折率が大きい。　(6　　　)
(7)　電気は通さないが，熱の良導体である。　(7　　　)
(8)　るつぼ・電極の材料，原子炉用減速材，鉛筆の芯などの用途がある。　(8　　　)
(9)　切削材，研磨材，ガラス切り，宝石などの用途がある。　(9　　　)

25　次の文の（　　）の中に適当な数値または語句を入れよ。

ダイヤモンドの結晶は，下の図（1　　　）のように，１個の炭素原子に（2　　　）個の炭素原子が（3　　　）結合でつながっている。ダイヤモンドは正八面体の結晶として天然に産出する。

黒鉛の結晶構造は，右の図の（4　　　）のようである。

○は炭素

(A)　　(B)

26　次の文は，一酸化炭素と二酸化炭素との性質を比べたものである。（　　）の中に，そのいずれかを化学式で書け。

➔ 工業化学１ p.111 参照。

(1)　(1　　　)は空気中で燃えるが，(2　　　)は燃えない。
(2)　(3　　　)は空気より重いが，(4　　　)は空気とほぼ同じである。

➔ 空気の平均分子量は，約29。

(3)　(5　　　)は水に溶けて弱酸性を示すが，(6　　　)は水にほとんど溶けない。
(4)　(7　　　)は還元作用があるが，(8　　　)は還元作用がない。
(5)　(9　　　)は石灰水を白濁させるが，(10　　　)は反応しない。

➔ 石灰水は，水酸化カルシウム $Ca(OH)_2$ の水溶液。

(6)　(11　　　)は酸性酸化物で水酸化ナトリウム水溶液に吸収されるが，(12　　　)は水酸化ナトリウム水溶液とは反応しない。
(7)　(13　　　)は容易に固体や液体になる。この固体は常温で昇華するのでドライアイスという。
(8)　(14　　　)は血液中のヘモグロビンと結合する。きわめて有毒な気体である。

27　次の化合物の化学式を（　　）の中に書き，それぞれに関係の深いものを右側から選んで線で結べ。

炭化カルシウム　([1]　　　)・　　・a. アルミナ
二酸化ケイ素　　([2]　　　)・　　・b. カルシウムカーバイド
炭酸カルシウム　([3]　　　)・　　・c. 生石灰
炭化ケイ素　　　([4]　　　)・　　・d. 石灰石，大理石の成分
酸化カルシウム　([5]　　　)・　　・e. 消石灰
酸化アルミニウム ([6]　　　)・　　・f. カーボランダム
水酸化カルシウム ([7]　　　)・　　・g. シリカ・石英ガラス

➔ カルシウムカーバイドは，たんにカーバイドともいう。

28　次の化学反応式を書け。

(1)　生石灰に水を加えると，消石灰になる。　([1]　　　　)
(2)　二硫化炭素は，赤熱した木炭に硫黄の蒸気を通じてつくる。
　　([2]　　　　)
(3)　リンを空気中で焼燃させる。　([3]　　　　)
(4)　希硫酸は亜鉛をよく溶かす。　([4]　　　　)
(5)　石灰石を加熱する。　([5]　　　　)

➔ 工業化学 1 p. 141 参照。

➔ 石灰石の主成分は炭酸カルシウム。工業化学 1 p. 141 参照。

29　次の化学反応式を完成せよ。

(1)　石灰石に塩酸を加える。
$CaCO_3 + 2HCl \longrightarrow$ ([1]　　　　)
(2)　ギ酸 HCOOH を濃硫酸と加熱する。
$HCOOH \longrightarrow$ ([2]　　　　)
(3)　酸化カルシウムとコークスから炭化カルシウムをつくる。
$CaO + 3C \longrightarrow$ ([3]　　　　)

30　次の文の（　　）の中に適当な数値または元素記号を入れ，下線部は正しければ○，誤っていれば×と答えて正しい表現になおせ。

(1)　ケイ素の結晶構造は，黒鉛 ([1]　　) と同じ共有結合 ([2]　　) している。

B C
Si
Ga Ge As
Sb

(2)　ケイ素 Si やゲルマニウム ([3]　　) は金属と非金属の中間の性質をもち，絶縁体 ([4]　　) として用いられる。
(3)　ケイ素に価電子 ([5]　　) 個のガリウム ([6]　　) やホウ素 ([7]　　) を微量加えたものが，n 形半導体 ([8]　　) である。ケイ素に価電子 ([9]　　) 個のヒ素 ([10]　　) やアンチモン ([11]　　) を微量に加えたものは，p 形半導体 ([12]　　) である。
(4)　ケイ素は，けい砂 SiO_2 をコークス ([13]　　) で還元 ([14]　　) して得られ，化学反応式は ([15]　　) である。

➔ 電子が余って電気伝導性が生じる半導体が n 形，電子が不足して正孔ができ，電気伝導性が生じる半導体が p 形である。工業化学 2 p. 186 を参照。

31　次の文の下線部が正しければ○，誤っていれば×を付け，正しい表現になおせ。

(1)　石英・水晶の主成分は，<u>二酸化ケイ素</u>である。　(1　　)

(2)　二酸化ケイ素の化学式 SiO_2 は<u>分子式</u>である。　(2　　)

(3)　二酸化ケイ素は，融点が高く，<u>軟らかい</u>。　(3　　)

(4)　ケイ酸ナトリウムを水と加熱すると<u>水ガラス</u>ができる。(4　　)

(5)　シリコーンは，ケイ素原子と<u>ケイ素原子</u>が交互に結合したシロキサン結合をもつ高分子化合物である。　(5　　)

(6)　ケイ酸のゲルを乾燥させたものは，<u>ゼオライト</u>とよばれる。　(6　　)

(7)　ガラス・セメント・陶磁器などは，<u>ケイ酸塩</u>を主成分とする。　(7　　)

(8)　融解した二酸化ケイ素を冷却すると，非結晶質の<u>ソーダガラス</u>ができる。　(8　　)

➜ 二酸化炭素の化学式 CO_2 は分子式である。
塩化ナトリウムの化学式 NaCl は組成式である。

32　二酸化ケイ素 SiO_2 を炭酸ナトリウムまたは水酸化ナトリウムと融解するとケイ酸ナトリウム Na_2SiO_3 ができる。この二つの化学反応式を書け。

答 ［1　　　　］

33　次の文中の（　　）に適当な語句を入れよ。

ケイ素は周期表の（1　　）族に属する。天然に産出する水晶は（2　　）を主成分とする。その結晶はケイ素を中心として（3　　）個の酸素原子が結合した（4　　）構造が繰り返し規則正しく連結し，（5　　）分子を形成している。

34　次の表は，黄リンと赤リンの性質を比較したものである。（　　）の中に右の a～h から適するものを選んで記入せよ。

	黄リン	赤リン
色，におい	(1　　)	(2　　)
空気中では	(3　　)	(4　　)
毒　性	(5　　)	(6　　)

a.　赤褐色
b.　淡黄色
c.　特有のにおい
d.　無臭
e.　常温では安定
f.　酸素と反応し，青白い光を発する
g.　無毒
h.　毒性が強い

35　黄リンと赤リンは同じリンという元素の単体である。これらの関係を互いに何というか。

答 (1　　　)

36 次の文の（　　）の中に，語句または化学式・反応式を記入せよ。

十酸化四リンは（1　　　）色の粉末で，分子式は（2　　　）であるが，組成式が（3　　　）なので，五酸化二リンともよばれる。

リン酸は，十酸化四リンと水が次のように反応して得られる。

（4　　　　　　　　　　　　　　　　　　　　　）

リン酸をつくるには，化学式（5　　　）のリン酸カルシウムに硫酸を反応させてつくる。この化学反応式は次のようになる。

（6　　　　　　　　　　　　　　　　　　　　　）

十酸化四リンの分子

37 次の文はそれぞれ，下線の部分 A，B，C のうち 1 箇所が誤りである。その箇所を A，B，C で答え，正しい表現になおせ。

(1) 硫酸は粘りけのある（A）液体（B）で，水より軽い（C）。

答（1　　　）→（2　　　　　　　）

(2) 濃硫酸を水で薄めるときは，濃硫酸の中へ水を（A）よくかき混ぜながら（B）少しずつ注ぎ込む（C）。

答（3　　　）→（4　　　　　　　）

(3) 硫化水素は腐った卵のようなにおいのある（A）無色の気体で（B）毒性はない（C）。

答（5　　　）→（6　　　　　　　）

38 次の文中の（　　）に該当する物質名を入れ，問いに答えよ。

硫黄を燃焼させると無色，刺激臭の（1　　　）を生じる。この気体を空気と混ぜ，高温で酸化バナジウム(V)を触媒として反応させると（2　　　）が生成する。これを濃硫酸に吸収させて（3　　　）としたのち希硫酸を加えて濃硫酸とする。

問 (2)から硫酸になる反応を，化学反応式で表せ。

答（4　　　　　　　　　　　　　　　　　）

39 硫酸の性質として，(ア)不揮発性である，(イ)強酸である，(ウ)酸化作用をもつ，(エ)脱水作用がある，などがあげられる。次の(1)～(4)の反応は，(ア)～(エ)のどれと最も関係が深いか。

(1) 濃硫酸に銅を加えて加熱すると，二酸化硫黄が発生し銅は溶ける。　答（1　　　）

(2) 亜硫酸水素ナトリウムに希硫酸を作用させると，二酸化硫黄が発生する。　答（2　　　）

(3) 塩化ナトリウムに硫酸を加えて加熱すると，塩化水素が発生する。　答（3　　　）

(4) 砂糖に濃硫酸を滴下すると，炭化が起こる。　答（4　　　）

40　次の文中の（　　）に適当な語句，数値を入れよ。

フッ素，塩素，臭素，ヨウ素などの元素を総称して（1　　　　）という。これらの原子は最外殻に（2　　）個の電子をもち，電子を受け取って安定な（3　　）価の陰イオンを生成しやすく，単体は（4　　　　）剤としての働きを示す。

（1　　　　）の単体は（5　　　　）分子である。融点・沸点は原子番号の（6　　　　）いものほど高い。また，（1　　　　）の単体はいずれも有色で，たとえば，塩素は（7　　　　）色の気体，臭素は暗赤色の（8　　　　）である。ヨウ素は常温では（9　　　　）で加熱により（10　　　　）しやすい。

41　次の文の下線の部分 A，B，C のうち１箇所が誤りである。その箇所を A，B，C で答え，正しい表現になおせ。

(1)　塩素 Cl_2 は無色(A)気体で，空気より重く(B)，毒性が強い(C)。

答　（1　　　）→（2　　　　　　）

(2)　塩素 Cl_2 は水には少し溶ける(A)。その水溶液を塩酸(B)といい漂白・殺菌作用がある(C)。

答　（3　　　）→（4　　　　　　）

(3)　臭素 Br_2 は，暗赤色(A)の液体(B)で，刺激臭の強い紫色(C)の蒸気を発生する。

答　（5　　　）→（6　　　　　　）

(4)　ヨウ素 I_2 は黒紫色の結晶(A)で，熱すると紫色の蒸気(B)を発生する。ヨウ素は水によく溶ける(C)。

答　（7　　　）→（8　　　　　　）

42　次のハロゲンの性質に関する説明文のうち，誤りを含むものをすべて選べ。

(1)　ハロゲンと水素との反応は，原子番号の小さいものほど起こりやすい。

(2)　ハロゲンはいずれも水にいくらか溶け，その水溶液は強い酸化力を示す。

(3)　ハロゲン化水素はいずれも水によく溶け，その水溶液は強酸である。

(4)　ハロゲンの単体はいずれも有色で，ハロゲン化水素はいずれも無色である。

(5)　ハロゲン化銀はいずれも有色で，水に不溶性である。

答　（1　　　　　　　）

43　次の化学反応式を完成せよ。

(1)　$Ca(ClO)_2 + 4HCl \longrightarrow CaCl_2 +$（1　　　　　）

(2)　$MnO_2 + 4HCl \longrightarrow MnCl_2 +$（2　　　　　）

(3)　$NaCl + H_2SO_4 \longrightarrow$（3　　　　　　　）

(4)　$2Ca(OH)_2 + 2Cl_2 \longrightarrow Ca(ClO)_2 +$（4　　　　　）

(5)　$2NaOH + Cl_2 \longrightarrow$（5　　　　　）$+ NaCl + H_2O$

44 塩素の水溶液には酸化作用がある。その理由を述べた次の文の（　　）の中に物質名を，〔　　〕の中に化学式を記入せよ。

塩素の一部が水と反応して（1　　　　）〔2　　　　〕を生じ，この物質が分解して（3　　　　）を放出しやすいため。

45 塩素 180 kg に，十分な量の水素を反応させて塩化水素をつくり，これを水に溶かすと，37 % の塩酸が何 kg できるか。

解　化学反応式：　$H_2 + Cl_2 \longrightarrow 2HCl$

180 kg　　　　x [kg]

（1　　　）× 2　　　2 ×（2　　　）

この関係から，x [kg] を求め，これから 37 % の塩酸の質量を計算する。

答　（3　　　　）kg

➜ 質量だけで，体積との関係はない。したがって計算は簡単である。単位は kg だが g に換算しないでそのまま計算すればよい。

46 次の文の（　　）に語句を，〔　　〕に化学式を記入せよ。

(1) フッ素の単体 F_2 は刺激臭の強い淡（1　　）色の（2　　　）体で，（3　　　）性が大きく，水素とは（4　　　）的に化合して（5　　　　）を生じる。

(2) フッ化カルシウム〔6　　　　〕は，天然に（7　　　　）石として産出する。フッ化カルシウムに硫酸を加えて加熱すると，気体の（8　　　）〔9　　〕が発生する。この気体を水に溶かしたものは，（10　　　　）とよばれ，（11　　　　）を溶かすという，ほかの酸にはない特別な性質がある。

(3) 実験室で臭素 Br_2 をつくるには，臭化カリウムに希硫酸と（12　　　　）〔13　　　　〕を加えて加熱する。工業的に臭素を得るには，海水に（14　　　）を作用させて，海水中の（15　　　　）Br^- を Br_2 として遊離させる。

47 右の図の実験について次の問いに答えよ。

(1) これはヨウ素のどのような性質を調べる実験か。

答　ヨウ素が（1　　　）する性質。

(2) 上の細い試験管には何が入れてあるか。またそれは何のためか。　答　（2　　　）が入れてある。（3　　　）するため。

(3) 加熱中，下の試験管の中はどんな色になるか。

答　（4　　　　）色

ヨウ素

（弱い火）

48 次の化学反応式を完成せよ。

(1) $2KBr + Cl_2 \longrightarrow$（1　　　　　　　　）

(2) $2KI + Br_2 \longrightarrow$（2　　　　　　　　）

(3) $2KI + Cl_2 \longrightarrow$（3　　　　　　　　）

➜ ハロゲンの反応性（結合力）の強さの順は，
$F > Cl > Br > I$
である。

49　18族元素について，次の（　　）の中に記入せよ。

18族元素は（1　　　）ガスともよばれ，原子価は（2　　　）である。（3　　　）原子分子で，融点・沸点はきわめて（4　　　）い。

50　次の表は，第３周期の元素の族・原子番号・元素記号および電子配置を示す。（　　）の中に記入せよ。

族	1	2	（1　　）	（2　　）	（3　　）	16	17	18
原子番号	（4　　）	（5　　）	13	14	15	16	17	18
元素記号	Na	Mg	（6　　）	（7　　）	P	（8　　）	（9　　）	Ar
K殻 L殻 M殻	2 8 （10　　）	2 8 （11　　）	2 8 （12　　）	2 8 （13　　）	2 8 （14　　）	2 8 （15　　）	2 8 （16　　）	2 8 8

51　**50**の表にある元素の単体のうちで，(1)融点が最も高いもの，および(2)融点が最も低いものを，元素記号で答えよ。

答　(1)　（1　　　）　(2)　（2　　　）

➔ 単体の原子または分子の結合のしかたと，融点の高低とは関係がある。どんな関係があるか考えてみよ。

52　次の化学式は第３周期の元素の酸化物を表している。この中から誤った化学式を二つみつけて，その正しい式を書け。

(a)　SO_3　(b)　AlO_3　(c)　P_4O_{10}

(d)　Si_2O　(e)　Na_2O　(f)　MgO

答　（1　　　）　（2　　　）

53　第３周期の元素について，単体が次の(1)～(5)に該当するものを元素記号で記せ。

(1)　単原子分子として存在する。　（1　　　）

(2)　多数の原子が結合した巨大分子である。　（2　　　）

(3)　室温で水と激しく反応し，できた水溶液は強い塩基性を示す。　（3　　　）

(4)　酸ともアルカリとも反応して水素を発生する。　（4　　　）

(5)　水素との化合物は水によく溶け，強い酸性を示す。　（5　　　）

■豆知識■

フッ素 Fluorine の元素名は，フッ素を含む蛍石（ほたるいし，fluorite）にちなんで名付けられた。塩素 Chlorine は黄緑色なので，黄緑色という意味のギリシャ語の chloros から，臭素 Bromine は，ギリシャ語の bromos（くさい）から，ヨウ素 Iodine は，蒸気の色が紫色なので，ギリシャ語の iodes（紫色に似た）から，それぞれ命名された。
フッ素は，昔は弗素と書いた。ヨウ素は，ヨードまたは沃度（読みはヨード）と書いたが，これは Iodine のドイツ語 Jod（ヨードと読む）の音訳で，今日でもヨードチンキやヨードホルムなどの名称にはヨードという語が使われている。

3 遷移元素　工業化学１　p. 159〜166

54　次の文のうち，遷移元素として誤っているものはどれか。すべて選べ。

(1)　周期表の横に並んだ元素の類似性が強い。

(2)　族の番号の１の位の数値に等しい最高酸化数のほかに，酸化数をもつ。

(3)　単体の融点は高く，すべて室温で固体である。

(4)　すべて金属元素で，非金属元素は含まれていない。　　答 (1　　　)

55　次の文の（　　）の中に適当な語句または数を記入せよ。

第４周期の遷移元素は，最外殻の電子がすべて (1　　　) 個または (2　　　) 個で，その (3　　　) 側の電子殻の (4　　　) の数が，原子番号とともに順次増えている。

遷移元素はすべて (5　　　) 元素で，一般に (6　　　) が大きく，(7　　　) が高い。

➔ クロムの化合物は黄・赤橙・緑・青・紫などの美しい色をもっている。そのため，ギリシャ語の chroma（色）からクロム chromium という元素名が与えられた。

一般に遷移元素の化合物は，色のあるものが多い。

56　次のクロム化合物の化学式と色を書け。

(1)　クロム酸カリウム…… (1　　　　), (2　　　) 色

(2)　二クロム酸カリウム… (3　　　　), (4　　　) 色

57　次のマンガン化合物の化学式，Mn の原子価，色，用途を書け。

(1)　二酸化マンガン… (1　　　　), (2　　　) 価，(3　　　) 色の粉末，(4　　　) の製造に用いる。

(2)　過マンガン酸カリウム… (5　　　　), (6　　　) 価，水溶液は (7　　　) 色，(8　　　) 剤として用いる。

58　次の鉄化合物の名称を書け。

Fe_2O_3… (1　　　　)　Fe_3O_4… (2　　　　)

$K_4[Fe(CN)_6]$ … (3　　　　　　　　)

$K_3[Fe(CN)_6]$ … (4　　　　　　　　)

➔ これらの物質は，従来，次のようによばれていた。

Fe_2O_3…酸化第二鉄

Fe_3O_4…四三酸化鉄

$K_4[Fe(CN)_6]$ …フェロシアン化カリウム，または黄血カリ

$K_3[Fe(CN)_6]$ …フェリシアン化カリウム，または赤血カリ

59　$[Fe(CN)_6]^{4-}$ イオンは右図のような形をしている。

(1)　中心の○は何を表しているか。　答 (1　　　) イオン

(2)　まわりの６個の○は何を表しているか。答 (2　　　) イオン

(3)　一つの金属イオンのまわりに陰イオンや分子が結び付いてできた複雑なイオンのことを一般に何というか。答 (3　　　) イオン

(4)　上のようなイオンを含む塩を何というか。　答 (4　　　)

60　次の反応で現れる色を〔　　〕の内の色から選んで答えよ。

(1)　Fe^{3+}溶液とアンモニア水の反応 ……………… (1　　　　) 色

(2)　Fe^{3+}溶液とKSCN溶液の反応 ……………… (2　　　　) 色

(3)　Fe^{3+}溶液と$K_4[Fe(CN)_6]$溶液の反応 ……… (3　　　　) 色

〔白　黄　赤　赤褐　黄緑　濃青　赤紫　黒〕

61　11族の元素について，次の（　　）に語句または数字を，〔　　〕に元素記号を記入せよ。

(1)　銅Cu，(1　　　)〔2　　　〕，および (3　　　)〔4　　　〕はいずれも11族の元素である。これらはいずれも延性と (5　　　) 性に富み，(6　　　) や電気をよく導く。

(2)　銅と (7　　　) は硝酸に溶ける。(8　　　) は硝酸には溶けないが，濃 (9　　　) と濃硝酸を体積比で (10　　　)：(11　　　) に混ぜた (12　　　) には溶ける。

62　次の変化を化学反応式で表せ。

(1)　銅片に濃硝酸を加えると，赤褐色の気体を発生する。

答　(1　　　　　　　　　　　　　　　　　　　　　)

(2)　銅片に希硝酸を加えておだやかに反応させると，無色の気体を発生する。

答　(2　　　　　　　　　　　　　　　　　　　　　)

63　次の物質の化学式を書け（結晶水は省略してよい）。

(1)　硫酸銅(Ⅱ)… (1　　　　)

(2)　チオ硫酸ナトリウム… (2　　　　)

(3)　テトラアンミン銅(Ⅱ)イオン… (3　　　　)

(4)　硝酸銀… (4　　　　)

(5)　塩化銀… (5　　　　)

➔ テトラアンミン銅(Ⅱ)イオンは，従来，銅アンモニア錯イオンとよばれた。

64　**63**の(1)〜(5)の物質のうち，色のある物質が三つある。番号で答えよ。

答　(1　　　　) と (2　　　　) と (3　　　　)

65　右図の錯イオンについて(1)〜(3)の問いに答えよ。

(1)　配位子は何か。　　答　(1　　　)

(2)　配位数はいくつか。　答　(2　　　)

(3)　**59**の図では配位子は何か。また，配位数はいくつか。

答　(3　　　)，(4　　　)

NH_3　NH_3
Cu^{2+}
NH_3　NH_3

66 塩化銀がアンモニア水に溶けるときの化学反応式を書け。

答 ([1])

67 次の文の（ ）に語句・数値，〔 〕に化学式を入れよ。

硫酸銅(Ⅱ)五水和物や Cu^{2+} を含む水溶液が青色を示すのは，Cu^{2+} と水分子が（[1] ）結合したアクア錯イオンが生じるためである。同じように Cu^{2+} が過剰のアンモニア水により深青色の溶液になるのも，Cu^{2+} と（[2] ）個の NH_3 分子が（[1] ）結合した〔[3] 〕で表される錯イオンが生じるためである。

68 次の文の（ ）に文字を，〔 〕に元素記号を記入せよ。

12族元素は，亜鉛，（[1] ），（[2] ）の3元素などで，元素記号はそれぞれ〔[3] 〕，Cd，〔[4] 〕である。

いずれも金属元素で，（[5] ）電子は2個である。このうち（[6] ）は常温で液体であり，ほかの二つも（[7] ）が比較的低い。

69 亜鉛と塩酸および水酸化ナトリウム溶液との反応の化学反応式を書け。

答 $Zn + 2HCl \longrightarrow$ ([1])

$Zn + 2NaOH + 2H_2O$

$\longrightarrow$ ([2])

70 酸化亜鉛 ZnO は酸の水溶液とも塩基の水溶液とも反応する。

(1) このような酸化物を何というか。 答 ([1])

(2) 酸化亜鉛と塩酸との反応の反応式を書け。

答 $ZnO + 2HCl \longrightarrow$ ([2])

71 水銀の塩化物は2種類ある。それらの名称・化学式，および水に溶けるかどうかを書け。

➜ 水銀は有毒で，その化合物も有毒なものが多い。注意しよう。

答

名称	化学式	水に溶けるか
塩化水銀(Ⅰ)	([1])	溶け ([2])
([3])	([4])	溶け ([5])

第７章　酸化と還元

1 酸化反応と還元反応　工業化学１　p. 170〜177

1 酸化と還元

1 次の反応について（　　）の中に適当な語句を入れよ。

A.（[1]　　）された

$2CuO + C \longrightarrow 2Cu + CO_2$

（[2]　　）された

B.（[3]　　）された

$2H_2S + SO_2 \longrightarrow 3S + 2H_2O$

（[4]　　）された

C. $Fe_2O_3 + 2Al \longrightarrow 2Fe + Al_2O_3$

(1) Aで，炭素は（[5]　　）されて（[6]　　）になった。

(2) Bで，硫化水素は（[7]　　）されて（[8]　　）になった。

(3) Cで，酸化鉄(Ⅲ)は（[9]　　）されて（[10]　　）になり，アルミニウムは（[11]　　）されて（[12]　　）になった。

このように，酸化と還元は必ず同時に起こり，一方が酸化されれば他方は（[13]　　）される。このような反応を，まとめて，（[14]　　）反応という。

➔ 水素の授受で酸化・還元をみることもできる。酸化とは「水素を失った」ことで，還元とは「水素と化合した」ことをいう。

2 次の文の（　　）の中に適当な語句を入れよ。

マグネシウムを塩素中で燃焼させて塩化マグネシウムを得た。

$Mg + Cl_2 \longrightarrow MgCl_2$

➔ $MgCl_2$ は，Mg^{2+} と $2Cl^-$

この反応における電子のやり取りは，次のようである。

$Mg \longrightarrow Mg^{2+} + 2e^-$　　$Cl_2 + 2e^- \longrightarrow 2Cl^-$

Mgは２個の（[1]　　）を失い，Cl_2 は２個の（[2]　　）を得ている。この反応は（[3]　　）反応で，「Mgは（[4]　　）された」といい，「Cl_2 は（[5]　　）された」という。

3 次の反応で，下線を引いた物質は酸化されたか，還元されたか。

➔「電子を失った」のか，「電子を得た」のか。

(1) $\underline{Cu}^{2+} + 2e^- \longrightarrow Cu$　（[1]　　）

(2) $\underline{H_2} \longrightarrow 2H^+ + 2e^-$　（[2]　　）

(3) $\underline{O_2} + 4e^- \longrightarrow 2O^{2-}$　（[3]　　）

(4) $2\underline{I}^- \longrightarrow I_2 + 2e^-$　（[4]　　）

(5) $2K\underline{Br} + Cl_2 \longrightarrow Br_2 + 2KCl$　（[5]　　）

(6) $2\underline{Na} + Cl_2 \longrightarrow 2NaCl$　（[6]　　）

➔ KBrが，K^+ と Br^-

➔ NaClは，Na^+ と Cl^-

2 酸化数

4 次の文の（　　）の中に適当な数値を入れよ。

(1) H_2, O_2, C, Cu などの単体中の原子の酸化数は（[1]　　　　）である。

(2) 化合物中の H 原子の酸化数は（[2]　　　　），O 原子の酸化数は（[3]　　　　）である。

(3) 化合物中の各原子の酸化数の総数は（[4]　　　　）である。

(4) 単原子イオンの酸化数は，そのイオンの価数に等しい。硫化物イオン S^{2-} の酸化数は（[5]　　　　）である。

➡ （例外）
NaH では H は -1
H_2O_2 では，O は -1

5 次の化学式の下線を引いた原子の酸化数を求めよ。

(1) $\underline{C}O_2$ ……… （[1]　　　　）

(2) $\underline{O}_3$ ……… （[2]　　　　）

(3) $H_2\underline{S}$ ……… （[3]　　　　）

(4) $H_3\underline{P}O_4$ …… （[4]　　　　）

(5) $\underline{N}H_4^+$ …… （[5]　　　　）

(6) $\underline{S}O_4^{2-}$ …… （[6]　　　　）

(7) $K\underline{Cl}O_3$ …… （[7]　　　　）

(8) $K_2\underline{Cr}_2O_7$ … （[8]　　　　）

➡ (5) の N 原子の酸化数を x とすれば，
$x + (+1) \times 4 = +1$

6 次の酸化還元反応について，（　　）の中に適当な語句を入れよ。

$$\underline{Fe}_2\underline{O}_3 + 2\,\underline{Al} \longrightarrow 2\,\underline{Fe} + \underline{Al}_2\underline{O}_3$$

酸化数　+3 −2　　0　　　0　　+3 −2

この反応では，Fe の酸化数は（[1]　　　　）し，Al の酸化数は（[2]　　　　）する。このとき「Fe 原子は（[3]　　　　）された」，または，「酸化鉄(Ⅲ)は（[4]　　　　）された」という。一方「Al 原子は（[5]　　　　）された」という。

7　次の説明文において，「酸化された」とする場合はO，「還元された」とする場合はRと答えよ。

➔ 酸化　Oxidation
還元　Reduction

(1)　酸素を失った　(1　　)
(2)　酸素と化合した　(2　　)
(3)　水素を失った　(3　　)
(4)　水素と化合した　(4　　)
(5)　電子を失った　(5　　)
(6)　電子を得た　(6　　)
(7)　酸化数が減少した　(7　　)
(8)　酸化数が増加した　(8　　)

8　次の各変化において，下線を付けた原子が酸化されたときはO，還元されたときはR，どちらでもないときは×を記入せよ。

(1)　$\underline{Cu}SO_4 \longrightarrow Cu_2O$　(1　　)
(2)　$\underline{Cu} \longrightarrow Cu(NO_3)_2$　(2　　)
(3)　$\underline{Ca}O \longrightarrow CaCO_3$　(3　　)
(4)　$K\underline{Mn}O_4 \longrightarrow MnO_2$　(4　　)
(5)　$K\underline{I} \longrightarrow I_2$　(5　　)
(6)　$\underline{Na}OH \longrightarrow NaCl$　(6　　)

9　次の反応において，下線の原子の酸化数は反応前後でどのように変化したか。また，その原子は酸化されたか，還元されたか。例にならって答えよ。

(例)　$\underline{H}_2 + \underline{Cl}_2 \longrightarrow 2HCl$
答　H（0 → ＋1）酸化された。Cl（0 → −1）還元された。

(1)　$H_2\underline{S} + \underline{Br}_2 \longrightarrow S + 2HBr$
答　〔1　　〕

(2)　$\underline{Zn} + \underline{H}_2SO_4 \longrightarrow ZnSO_4 + H_2$
答　〔2　　〕

(3)　$2\underline{Hg}Cl_2 + \underline{Sn}Cl_2 \longrightarrow Hg_2Cl_2 + SnCl_4$
答　〔3　　〕

(4)　$\underline{S}O_2 + \underline{Cl}_2 + 2H_2O \longrightarrow H_2SO_4 + 2HCl$
答　〔4　　〕

10　次のMn化合物中，Mnの酸化数が最大のものはどれか。

(ア) MnO_2　(イ) $MnCl_2$　(ウ) $KMnO_4$　(エ) Mn_2O_3　(オ) $MnSO_4$

答　(1　　)

3 酸化剤と還元剤

11 次の文の（　　）の中に酸化または還元の語句を入れよ。

(1) 酸化剤とは，相手の物質を（[1]　　　）することができる物質のことで，酸化剤は相手の物質を（[2]　　　）すると同時に，自身は（[3]　　　）される。

(2) 還元剤とは，相手の物質を（[4]　　　）することができる物質をいい，このとき還元剤自身は（[5]　　　）される。

12 酸化剤・還元剤について，次の文が正しければ○，誤っていれば×と答えて下線部を正しい表現になおせ。

(1) 反応によって酸化数が減少する原子を含む物質は，<u>酸化剤</u>である。（[1]　　　）

(2) 酸化数が増加する原子を含む物質は，<u>還元剤</u>である。（[2]　　　）

(3) <u>酸化剤</u>は，電子 e^- を失う。（[3]　　　）

(4) <u>還元剤</u>は酸化されやすい物質である。（[4]　　　）

(5) 反応によって還元された物質は<u>還元剤</u>である。（[5]　　　）

13 次の酸化還元反応で，酸化剤と還元剤を答えよ。

(1) $SO_2 + 2H_2S \longrightarrow 2H_2O + 3S$

（SO_2 の S：(+4) → (0)，H_2S の S：(−2) → (0)）

酸化剤（[1]　　　）　還元剤（[2]　　　）

(2) $SO_2 + PbO_2 \longrightarrow PbSO_4$

酸化剤（[3]　　　）　還元剤（[4]　　　）

(3) $CuO + H_2 \longrightarrow Cu + H_2O$

酸化剤（[5]　　　）　還元剤（[6]　　　）

(4) $MnO_2 + 4HCl \longrightarrow MnCl_2 + Cl_2 + 2H_2O$

酸化剤（[7]　　　）　還元剤（[8]　　　）

(5) $2KBr + Cl_2 \longrightarrow 2KCl + Br_2$

酸化剤（[9]　　　）　還元剤（[10]　　　）

(6) $2HgCl_2 + SnCl_2 \longrightarrow Hg_2Cl_2 + SnCl_4$

酸化剤（[11]　　　）　還元剤（[12]　　　）

(7) $3Cu + 8HNO_3 \longrightarrow 3Cu(NO_3)_2 + 4H_2O + 2NO$

酸化剤（[13]　　　）　還元剤（[14]　　　）

➔ SO_2 中の S 原子は，+4 → 0（減少）で，還元された。H_2S 中の S 原子は，−2 → 0（増加）で酸化された。

➔ 酸化剤として働くか還元剤として働くかは，組み合わせによって異なる場合がある。SO_2 については(1)，(2)の場合異なった働きをしている。

14 次の ①～④ の反応から，酸素，硫黄，ヨウ素および臭素を酸化力の強いものから順に並べよ。（答え方の例；I ＞ O ＞ Br ＞ S）

① $2H_2S + 3O_2 \longrightarrow 2H_2O + 2SO_2$　② $O_2 + 4HI \longrightarrow 2I_2 + 2H_2O$

③ $2Br_2 + 2H_2O \longrightarrow 4HBr + O_2$　④ $I_2 + H_2S \longrightarrow 2HI + S$

答 （1　　　　　　　　　）

15 次のイオン反応式は酸化剤・還元剤の働き（作用）を示したものである。（　　）の中に数値を書き入れよ。ここでは１の場合も書け。

(1) $Na \longrightarrow Na^+ +$ （1　　　） e^-

(2) $Sn^{2+} \longrightarrow Sn^{4+} +$ （2　　　） e^-

(3) $Cl_2 +$ （3　　　） $e^- \longrightarrow 2Cl^-$

(4) $HNO_3 + 3H^+ +$ （4　　　） $e^- \longrightarrow NO + 2H_2O$

(5) $MnO_4^- + 8H^+ +$ （5　　　） $e^- \longrightarrow Mn^{2+} + 4H_2O$

➜ Sn 原子の酸化数の変化はいくらか。

➜ Mn 原子の酸化数は＋７から＋２へと変化している。

4 酸化還元滴定

16 濃度のわからない過酸化水素水 20.0 mL を取り，硫酸酸性にして，0.0118 mol/L の過マンガン酸カリウム水溶液を加えたところ，23.4 mL で過不足なく反応した。この過酸化水素水の濃度は何 mol/L か。

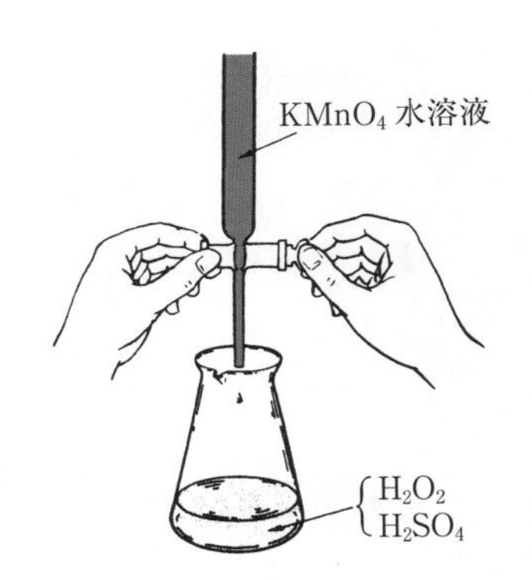

解 $KMnO_4$ の酸化剤としての反応は，

$$MnO_4^- + 8H^+ + 5e^- \longrightarrow Mn^{2+} + 4H_2O$$

1 mol の $KMnO_4$ は（1　　　）[mol] の電子を得る。

また，H_2O_2 の還元剤としての反応は，

$$H_2O_2 \longrightarrow 2H^+ + O_2 + 2e^-$$

1 mol の H_2O_2 は（2　　　）[mol] の電子を失う。

したがって，$ncV = n'c'V'$ の式において，

n ＝（3　　　）

c ＝ 0.0118 mol/L

V ＝ 23.4 mL

n' ＝（4　　　）

V' ＝ 20.0 mL

であるから，

（5　　）×（6　　　）× 23.4 ＝（7　　）× c' × 20.0

これを解いて，c' ＝（8　　　）[mol/L]

➜ 反応の終点は $KMnO_4$ の淡紅色が消えないで残るのでわかる。

17 硫酸酸性の 0.022 mol/L の過マンガン酸カリウム水溶液 10.0 mL とちょうど反応する 0.038 mol/L の過酸化水素水は何 mL か。

解 $ncV = n'c'V'$ の式において，

n ＝ (1 　　　　)

c ＝ (2 　　　　) mol/L

V ＝ (3 　　　　) mL

n' ＝ (4 　　　　)

c' ＝ (5 　　　　) mol/L

よって，(6 　　　　　　　) ＝ (7 　　　　　　　)

V' ＝ (8 　　　　) mL

➔ ncV ＝ $n'c'V'$
（酸化剤）（還元剤）。

18 濃度 0.192 mol/L のシュウ酸 $H_2C_2O_4$ 溶液 20.0 mL を取り，硫酸を加えて，濃度のわからない過マンガン酸カリウム $KMnO_4$ 溶液で滴定したところ，21.5 mL で過不足なく反応した。過マンガン酸カリウム溶液の濃度は何 mol/L か。

解 $ncV = n'c'V'$ の式において，

n ＝ (1 　　　　)

V ＝ (2 　　　　) mL

n' ＝ (3 　　　　)

c' ＝ (4 　　　　) mol/L

V' ＝ (5 　　　　) mL

であるから，

(6 　　　　　　　) ＝ (7 　　　　　　　)

c ＝ (8 　　　　) mol/L

➔ シュウ酸の還元剤としての反応は，
$H_2C_2O_4 \longrightarrow 2CO_2 + 2H^+ + 2e^-$

2 電池　工業化学1　p. 178〜186

1 金属のイオン化傾向

19 次の文の（　　）の中に適当な語句・数値または記号を入れよ。

(1) 右の図のⒶでは（1　　　　）がイオンとなって溶液中に溶け込み，（2　　　　）が析出する。

$Cu \longrightarrow$ （3　　　　）$+ 2e^-$

$2Ag^+ +$ （4　　　　）$\longrightarrow 2Ag$

この二つの式をまとめて表すと次のようになる。

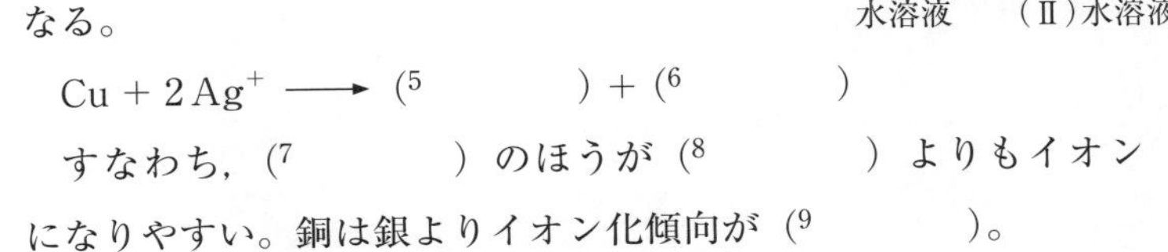

$Cu + 2Ag^+ \longrightarrow$ （5　　　　）＋（6　　　　）

すなわち，（7　　　　）のほうが（8　　　　）よりもイオンになりやすい。銅は銀よりイオン化傾向が（9　　　　）。

(2) 図のⒷ，Ⓒで変化の起こるのはどちらか。そのイオン反応式を上のように書き，金属のイオン化傾向の大小を答えよ。

答 ［10　　　　］

20 次の文の（　　）の中に適当な語句を入れよ。

(1) 金属をイオン化傾向の大小の順に並べたものを，金属の（1　　　　）という。

(2) イオン化傾向の大きい金属は，（2　　　　）を失いやすいので（3　　　）イオンになりやすい。

(3) リチウムと金では，金のほうがイオン化傾向が（4　　　）。

(4) 一般に，イオン化傾向の大きな金属ほど反応性が（5　　　）。

➜ 水素 H_2 は金属ではないが，金属と同様に水溶液中で陽イオンとなるので，イオン化列の中に加える。

21 次の金属をイオン化傾向の大きい順に並べて書け。

(1) Zn，Ag，Na，Fe

答 （1　　）＞（2　　）＞（3　　）＞（4　　）

(2) Cu，Al，Au，K，Fe，Pt

答 （5　　）＞（6　　）＞（7　　）＞ (H_2) ＞（8　　）＞（9　　）＞（10　　）

22 おもな金属のイオン化剤を，イオン化傾向の大きい金属から順に書け。

答 Li（1　　）Ca（2　　）（3　　）Al（4　　）（5　　）
Ni　Sn（6　　）（H_2）（7　　）Hg　Ag　Pt（8　　）

← 金属全般の性質や電池・電気分解を理解するのに重要である。完全に覚えておこう。

23 下の図Ⓐ～Ⓓの中で，変化の起こるものはどれか。その記号とイオン反応式を答えよ。

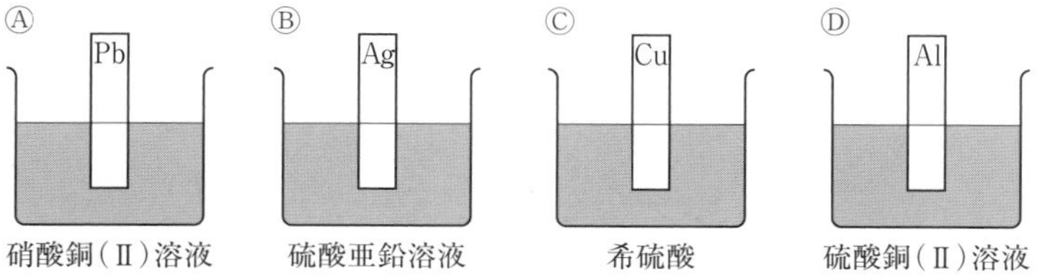

Ⓐ Pb　硝酸銅（Ⅱ）溶液
Ⓑ Ag　硫酸亜鉛溶液
Ⓒ Cu　希硫酸
Ⓓ Al　硫酸銅（Ⅱ）溶液

答 ［1　　］

← イオン化傾向
A＞Bのとき A はイオンになって溶け，B イオンは金属 B として析出する。

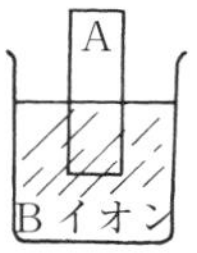

A
Bイオン

24 次の文の（　　）の中に適当な語句を入れよ。

(1) カリウムやナトリウムなどイオン化傾向の（1　　）い金属は，常温で（2　　）と激しく反応して水素を発生する。

(2) 亜鉛や鉄などイオン化傾向が（3　　）より大きい金属は，希硫酸に溶けて（4　　）を発生する。

(3) 金や白金のようなイオン化傾向の（5　　）い金属は単体として天然に産出する。

(4) 銅や銀などイオン化傾向が（6　　）より小さい金属は，希硫酸や（7　　）とは反応しないが，熱濃硫酸や（8　　）には溶ける。

← 酸化力の強い酸に溶ける。

25 4種類の金属 A，B，C，D について，次の(1)～(3)がわかった。イオン化傾向の大きい順に答えよ。

(1) 常温の水に入れると C だけが激しく反応した。

(2) A，B，D を希塩酸に入れると A は溶けて水素を発生したが，B，D は反応しなかった。

(3) B のイオンを含む水溶液に D を入れると，D の表面に B が析出した。

答（1　　）

← イオン化傾向の大きい金属ほど反応しやすい。

26　次の金属の中から下の条件にあてはまるものを（　　）内の数だけ選べ。

Zn, Fe, Al, Pt, Au, Na, Cu, Ag, Mg

(1)　室温で水とほとんど反応しないが希塩酸に溶けて水素を発生する（4種）。

(2)　室温で水と激しく反応して水素を発生する（1種）。

(3)　希塩酸には溶けないが，濃硝酸には溶ける（2種）。

(4)　希塩酸には溶けるが，濃硝酸には溶けない（2種）。

(5)　希塩酸には溶けないが，熱濃硫酸には二酸化硫黄を発生して溶ける（2種）。

(6)　希塩酸にも濃硝酸にも熱濃硫酸にも溶けない（2種）。

答　(1)（1　　　　）(2)（2　　　　）(3)（3　　　　）
(4)（4　　　　）(5)（5　　　　）(6)（6　　　　）

2　電池の原理

27　次の金属板を両極として希硫酸中に入れた電池について，正極となる金属はどれか。

(1)　Al と Cu　　(2)　Fe と Ag　　(3)　Ni と Cu
（1　　）　　（2　　）　　（3　　）

➜ イオン化傾向の小さいほうが正極。

28　右の図の電池について，次の(1)〜(9)の問いに答えよ。

亜鉛板（3　　）　Ⓐ　Ⓑ　銅板（4　　）
硫酸亜鉛水溶液　素焼板　硫酸銅(Ⅱ)水溶液

(1)　このような構造の電池を何というか。（1　　　　）

(2)　銅と亜鉛では，イオン化傾向が大きいのはどちらか。（2　　）

(3)　正極，負極はどちらか，図の（　　）の中に書き入れよ。

(4)　亜鉛板で起こる変化をイオン反応式で書け。（5　　　　）

(5)　銅板で起こる変化をイオン反応式で書け。
（6　　　　）

(6)　上の(4)，(5)の反応式をまとめて書け。
（7　　　　）

(7)　酸化された物質と還元された物質を答えよ。

答　酸化された物質は（8　　　），還元された物質は（9　　　）

➜ 酸化数が増加していれば，酸化された。

(8)　電子 e^- の移動する方向は，図のⒶ，Ⓑのどちらか。（10　　　）

(9)　電流の流れる方向は図のⒶ，Ⓑのどちらか。（11　　　）

29 次の各組の金属を希硫酸に浸し，この金属の液外の部分を針金でつないだとき，その針金を伝わって電流が金属Aから金属Bに流れるのはどちらの組か。

組		ア	イ	ウ	エ
金属	A	亜鉛	銅	鉄	亜鉛
	B	銀	鉄	銀	銅

答 (1　　　)

30 図はボルタ電池の原理図である。次の各問いに答えよ。

(1) 放電時に，亜鉛電極，銅電極で起こる変化を電子 e^- を用いたイオン反応式で示せ。

答 亜鉛電極 (1　　　　　　　　)

答 銅電極 (2　　　　　　　　)

(2) e^- の移動方向を，図の（　）内に→または←で示せ。

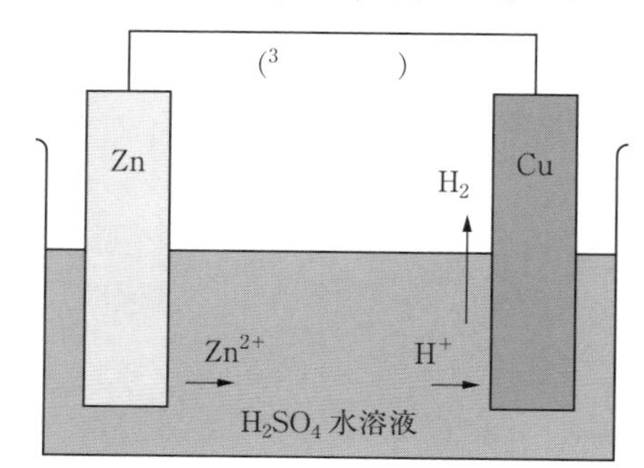

(3) この電池では，放電後しばらくすると起電力の低下が起こる。この現象を分極という。分極を防ぐために加える試薬は酸化剤・還元剤のどちらか。例とともに示せ。

答 (4　　　　)（例：5　　　　　　)

3 実用電池

31 次の文の（　）の中に，下欄から適当なものを選んで記号を入れよ（2回使用してもよい）。

マンガン乾電池（ルクランシェ電池ともいう）は，正極用電極として (1　　) 棒，正極物質として (2　　) を用い，負極として (3　　) の円筒を用い，電解液として (4　　) 溶液にデンプンを加えてのり状にしたものを用いている。

(5　　) 極では (6　　) が酸化され，(7　　) 極では (8　　) が還元される。

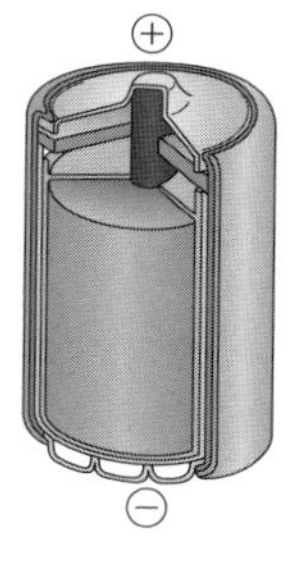

a. Zn　b. $ZnCl_2$　c. C　d. MnO_2　e. 正　f. 負

32　下の図は鉛蓄電池である。次の(1)～(5)の問いに答えよ。

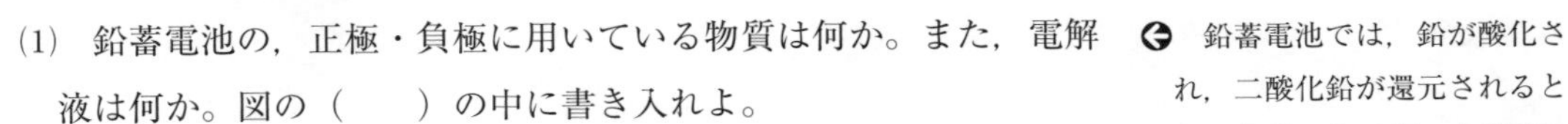

(1)　鉛蓄電池の，正極・負極に用いている物質は何か。また，電解液は何か。図の（　　）の中に書き入れよ。

➡ 鉛蓄電池では，鉛が酸化され，二酸化鉛が還元されるときの化学エネルギーを利用している。

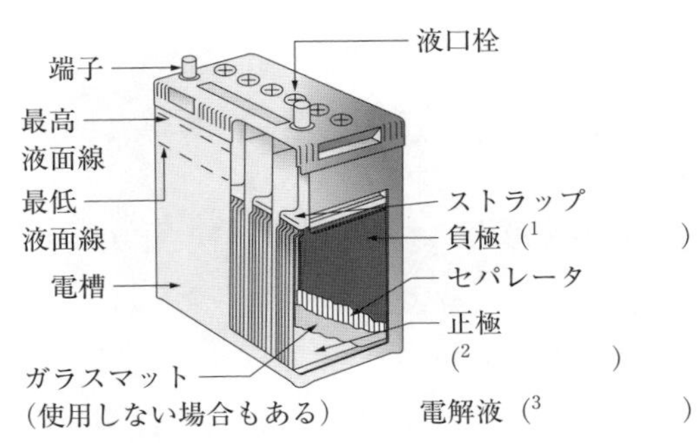

(2)　鉛蓄電池は放電すると両極は何になるか。（4　　　　　　）

(3)　両極の充電・放電のイオン反応式を次に示す。（　　）内に適当な化学式・数値を入れよ。

（5　　　　）＋ SO_4^{2-} $\underset{充電}{\overset{放電}{\rightleftarrows}}$（6　　　　）＋（7　　　　）$e^-$　　➡ 負極での反応

（8　　　　）＋ $4H^+$ ＋ SO_4^{2-} ＋（9　　　　）e^-　　➡ 正極での反応

$\underset{充電}{\overset{放電}{\rightleftarrows}}$（10　　　　）＋ $2H_2O$

(4)　上の二つの反応式をまとめて書くと次のようになる。（　　）の中に化学式を入れて完成せよ。

（11　　　）＋ 2（12　　　）＋（13　　　）

$\underset{充電}{\overset{放電}{\rightleftarrows}}$ 2（14　　　）＋ $2H_2O$

➡ 正極も負極も放電により硫酸に難溶性の硫酸鉛(Ⅱ)となり，充電により硫酸を再生してもとの鉛と二酸化鉛に戻る。

(5)　鉛蓄電池の起電力は約何Ｖか。（15　　　　）

4　電池の起電力

33　下の図は２種類の金属を希硫酸に入れた電池である。

(1)　起電力の最も大きい電池はどれか。　（1　　　　）

(2)　起電力の最も小さい電池はどれか。　（2　　　　）

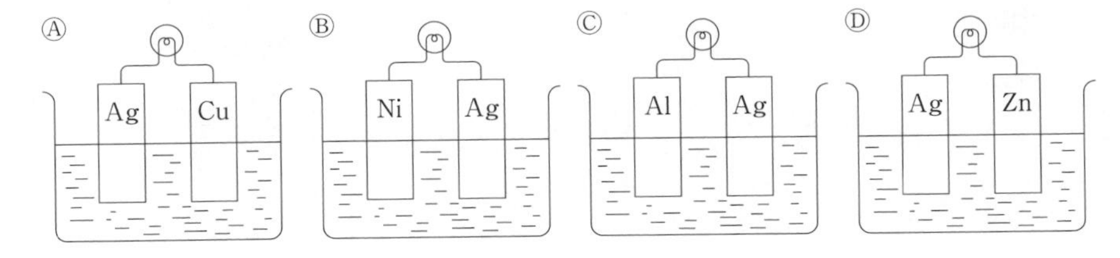

34 25 ℃ における，次の電池の起電力を計算せよ。ただし，標準電極電位（25 ℃）は次のとおりである。

$E^\circ_{Zn} = -0.763\ V$

$E^\circ_{Fe} = -0.440\ V$

$E^\circ_{Cu} = +0.340\ V$

$E^\circ_{Ag} = +0.799\ V$

(1) ⊖ Fe ｜ Fe^{2+} 1 mol/L 溶液 ┆ Ag^{+} 1 mol/L 溶液 ｜ Ag ⊕

答 〔1 〕

(2) ⊖ Zn ｜ Zn^{2+} 1 mol/L 溶液 ┆ Fe^{+} 1 mol/L 溶液 ｜ Fe ⊕

答 〔2 〕

(3) ⊖ Cu ｜ Cu^{2+} 1 mol/L 溶液 ┆ Ag^{+} 1 mol/L 溶液 ｜ Ag ⊕

答 〔3 〕

➔ $E = E^\circ_{Ag} - E^\circ_{Fe}$

3 電気分解 工業化学 1 p. 187～193

1 電気分解

35 右の図は，塩化ナトリウム水溶液の電気分解の装置図である。次の (1)～(6) の問いに答えよ。

(1) 塩化ナトリウム水溶液中に存在する 4 種類のイオンをイオン式で答えよ。

(1)

(2) 図の電池の正極・負極はどちらか。図の（ ）内に書け。

(3) 陽極と陰極に発生する気体は何か。図の（ ）内に書け。

(4) 両極における変化を示す次のイオン反応式を完成せよ。

陽極 2 (6) ⟶ (7) + $2e^-$

陰極 2 (8) + $2e^-$ ⟶ (9) + $2OH^-$

(5) 電気分解後に陰極の近くの溶液中に多く存在する 2 種類のイオンをイオン式で答えよ。 (10)

(6) フェノールフタレイン溶液で赤色になるのは陽極の近くか陰極の近くか。 (11)

➔ 水溶液の電気分解では，水の電離をつねに考える。
$H_2O \rightleftarrows H^+ + OH^-$

➔ イオン化傾向のとくに大きい金属イオン（K^+，Ca^{2+}，Na^+，Mg^{2+}，Al^{3+}）は析出しない。

36　次の文中の（　　）に適当な語句を入れよ。

電気分解では，電源の負極とつないだ電極を（[1]　　　）極といい，正極とつないだ電極を（[2]　　　）極という。（[1]　　　）極では電源から電子が流れ込むので（[3]　　　）反応が起こり，（[2]　　　）極では電源へ電子が流れ出すので（[4]　　　）反応が起こる。

37　塩化銅(Ⅱ) $CuCl_2$ の水溶液を，白金電極を用いて電気分解する。次の(1)～(3)の問いに答えよ。

(1)　この水溶液中に存在する４種類のイオンをイオン式で答えよ。

（[1]　　　　　　　　　　　　　　　　）

(2)　陽極には塩素が発生し，陰極には銅が析出する。陰極でのイオン反応式を完成せよ。

（[2]　　　）＋（[3]　　　）e^- ⟶（[4]　　　）

(3)　陽極で Cl^- は酸化されたのか還元されたのか。　（[5]　　　　）

➔ イオン化傾向が H_2 より小さい金属（Cu，Ag）は析出する。

38　白金電極を用いて次の溶液を電気分解するとき，陽極と陰極に発生する気体は何か。

(1)　水酸化ナトリウム NaOH 水溶液

陽極（[1]　　　）　陰極（[2]　　　）

(2)　希硫酸 H_2SO_4 水溶液

陽極（[3]　　　）　陰極（[4]　　　）

➔ 陽極での反応は，
$4OH^- \rightarrow 2H_2O + O_2 + 4e^-$

➔ 酸化されにくい SO_4^{2-} は変化せず，OH^- が酸化される。

39　金属塩の水溶液を白金電極を用いて電解するとき，金属として析出させることのできないもののみの組み合わせは次のどれか。

(ア) Ag，Au　　(イ) Na，Al　　(ウ) K，Fe　　(エ) Ca，Cu

答（[1]　　　　）

2　電気分解と電気量

40　次の文の（　　）の中に適当な語句または数値を入れよ。

(1)　電気分解で，陽極・陰極で変化したイオンの量は，流れた（[1]　　　）に比例する。

(2)　電子 e^- 1 mol のもつ電気量の絶対値は（[2]　　　）C である。

(3)　3 A で２時間通じたときの電気量は（[3]　　　）C である。

➔ C（クーロン）

41 いくつかの水溶液を電気分解したら，A欄のような変化があった。それぞれ96500 Cの電気量で析出または発生するB欄の物質の物質量，質量，体積（0℃，101.3 kPa）を（　　）の中に答えよ。

➜ それぞれの変化に必要な電子 e^- の物質量から考える。

A	B	物質 [mol]	質量 [g]	体積 [L]
$Ag^+ + e^- \longrightarrow Ag$	Ag	(1　　)	(2　　)	
$Zn^{2+} + 2e^- \longrightarrow Zn$	Zn	(3　　)	(4　　)	
$2H^+ + 2e^- \longrightarrow H_2$	H_2	(5　　)	(6　　)	(7　　)
$2Cl^- \longrightarrow Cl_2 + 2e^-$	Cl_2	(8　　)	(9　　)	(10　　)
$4OH^- \longrightarrow 2H_2O + O_2 + 4e^-$	O_2	(11　　)	(12　　)	(13　　)

➜ 1 molの気体の体積は0℃，101.3 kPaで22.4 Lである。

42 硝酸銀水溶液に白金電極を入れ，0.500 Aの電流を10時間通じると，陰極には何gの銀が析出するか。

解　流れた電気量は（1　　　　　　　　　　）

銀の析出量は（2　　　）× $\frac{(3\quad)}{96500}$ =（4　　　）[g]

➜ Agの原子量は108。

43 硝酸銅(Ⅱ)水溶液を白金電極を用いて，4.20 Aの電流で30分間電気分解した。陰極に析出した銅は何gか。また，陽極に発生した酸素の体積（0℃，101.3 kPa）は何Lか。

➜ 酸化されにくい NO_3^- は変化せず OH^- が酸化される。
$4OH^- \longrightarrow 2H_2O + O_2 + 4e^-$

解　流れた電気量は（1　　　　　　　　　　）

銅の析出量は，

$\frac{63.5}{(2\quad)} \times \frac{(3\quad)}{96500}$ =（4　　　）[g]

96500 Cの電気量で酸素は0.25 mol，つまり（5　　　）L発生するから，求める酸素の体積は，

➜ 22.4 L × 0.25

（6　　）× $\frac{(7\quad)}{(8\quad)}$ =（9　　　）[L]

44　塩化銅(Ⅱ)の水溶液の電気分解を行ったところ，陰極に 2.54 g の銅が析出した。

(1)　流れた電気量は何 C か。

解　96 500 C の電気量で析出する銅の質量は $\times \dfrac{63.5}{2}$ g であるから，

$96\,500 \times \dfrac{(^{1}\qquad)}{(^{2}\qquad)} = (^{3}\qquad)$ [C]

➔ $Cu^{2+} + 2e^- \rightarrow Cu$

(2)　6 時間かかったとすると，電流の強さは何 A か。

解　電流を通した時間は，$6 \times 60 \times 60$ 秒であるから，

電流の強さは，

$\dfrac{(^{4}\qquad)}{6 \times 60 \times 60} = (^{5}\qquad)$ [A]

(3)　陽極に発生した塩素の体積は 0 ℃ で，101.3 kPa で何 L か。

解　96 500 C の電気量で発生する塩素は 0.5 mol（11.2 L）であるから，$(^{6}\qquad) \times \dfrac{(^{7}\qquad)}{96\,500} = (^{8}\qquad)$ [L]

➔ $2Cl^- \rightarrow Cl_2 + 2e^-$

3　電気分解の利用

45　次の文の（　　）の中に適当な語句を入れよ。

硫酸銅(Ⅱ)$CuSO_4$ 水溶液中に，銅板と磨いた鉄板を入れ，銅板を電池の（1　　　）極に，鉄板を（2　　　）極につなぐと，Cu^{2+} は（3　　　）極で還元されて Cu となり鉄の表面に付着する。

一方，（4　　　）極の Cu は酸化されて Cu^{2+} となって溶ける。

➔ 電気分解を利用して鉄に銅めっきする。

46　銅の電解精錬について，次の文の（　　）の中に，粗銅・純銅のいずれかを入れよ。

（1　　　）を陽極にし，（2　　　）を陰極にして，硫酸銅(Ⅱ)の硫酸酸性溶液中で電気分解すると，陰極に（3　　　）が析出し，陽極の（4　　　）は銅イオンとなって溶ける。

➔ 銅よりイオン化傾向の小さい金・銀は溶けないで陽極の下に沈殿する。

第8章　化学反応と熱・光

1 化学反応と熱　工業化学1　p. 196〜203

1　次の(1)〜(4)の文には，それぞれ1箇所ずつ誤りがある。その箇所を取り出して，正しい表現になおせ。

(1)　燃焼熱は，1 g の物質が完全燃焼するとき生じる熱量で表す。

答　(1　　　)を(2　　　)になおす。

(2)　熱化学方程式の化学式に付記する (g)，(e)，(s) という記号はそれぞれ，気体，液体，固体の状態を表す。

答　(3　　　)を(4　　　)になおす。

(3)　反応熱の大きさは反応前後の圧力や温度によって異なるが，ふつうは反応前後の圧力が 101.3 kPa で温度が 0℃ の場合の値で表す。

答　(5　　　)を(6　　　)になおす。

(4)　水が水蒸気になるときには熱を放出する。この熱を蒸発熱または気化熱という。

答　(7　　　)を(8　　　)になおす。

2　水素の燃焼熱を示す次の熱化学方程式に誤りが2箇所ある。その箇所を取り出して正しい表現になおせ。

$$H_2 + \frac{1}{2}O_2\ (g) = H_2O\ (l) + 286$$

答　(1　　　)を(2　　　)になおす。　(3　　　)を(4　　　)になおす。

3　**2**の熱化学方程式を，化学反応式にエンタルピー変化 ΔH を併記して表せ。

答　(1　　　　　　　　　　　　　　　　　　　　)

4　メタノール CH_3OH (l) の燃焼エンタルピーは -726 kJ/mol である。メタノールの完全燃焼を表す熱化学方程式を，エンタルピー変化 ΔH を併記して表せ。

答　(1　　　　　　　　　　　　　　　　　　　　)

➔ O_2 の係数を決めるとき，CH_3OH の中にも O があることに注意しよう。

5　金属カルシウム Ca (s) が酸素 O_2 (g) と反応して酸化カルシウム CaO (s) になるときの標準生成エンタルピーは -635 kJ/mol である。この反応を熱化学方程式で表せ。

答　(1　　　　　　　　　　　　　　　　　　　　)

6　次の図は，反応物・生成物のエネルギーの大きさと反応熱との関係を示している。（　　）の中に語句を記入せよ。

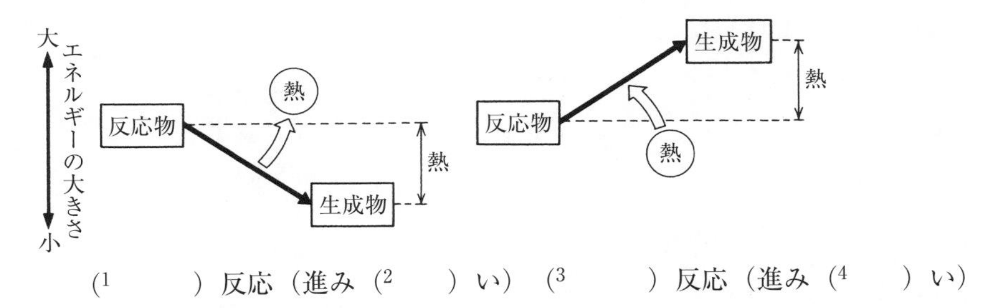

（1　　　）反応（進み（2　　）い）　（3　　　）反応（進み（4　　）い）

7　右の図は，25 ℃ における水の蒸発熱を示している。このことを熱化学方程式で表せ。

25 ℃で蒸発
44.0 kJ/mol
の熱を吸収

答　H_2O (l) ⟶ （1　　　　　　　　　　　　　　）（25 ℃）

8　次の (1)〜(4) の文の中にそれぞれ１箇所だけ誤りがある。その部分を取り出して正しい表現になおせ。

(1)　生成エンタルピーが正の値の物質は一般に不安定で，爆発的に分解することがある。

答　（1　　　　）を（2　　　　）になおす。

(2)　氷が溶けて水になるときに吸収する熱を凝固熱といい，1 mol あたり 6.0 kJ である。

答　（3　　　　）を（4　　　　）になおす。

(3)　水酸化ナトリウムの水溶液と塩酸とを混合したときに吸収する熱を中和熱という。

答　（5　　　　）を（6　　　　）になおす。

(4)　硝酸アンモニウムを水に溶かすと熱の吸収が起こる。このような場合の熱を希釈熱という。

答　（7　　　　）を（8　　　　）になおす

9　次の (1)，(2) を熱化学方程式で表せ。

(1)　氷の融解熱は 334 J/g である。

答　（1　　　　　　　　　　　　　　　　　　）

(2)　水の蒸発熱は 44 kJ/mol である。

答　（2　　　　　　　　　　　　　　　　　　）

10 氷が0℃で融解して水になるとき，1gあたり0.333kJの熱を吸収する。このことを熱化学方程式で表せ。

解 0.333kJを1molあたりに換算すると，

0.333×（1　　　）＝（2　　　）[kJ/mol]

ゆえに熱化学方程式は

（3　　　　　　　　　　　　）

➔ 答えは四捨五入して小数第1位までとせよ。

➔ 25℃以外の温度のときは，必ず温度を付記すること（**7**の場合は，25℃であるから温度は付記しなくてもよいが，100℃の場合との区別をはっきりさせるために，とくに付記してある）。

11 次の文の（　）の中に適当な語句を記入せよ。

物質の状態変化の際に熱が出入りしても，物質の（1　　　）は変化しない。このように（2　　　）の変化をともなわないで出入りする熱を（3　　　）という。

これに対して，（4　　　）変化が起こらない場合は，熱の出入りにともなって物質の（5　　　）が変化する。このような場合に出入りする熱のことを（6　　　）という。

2 化学結合とエネルギー　工業化学1　p. 204〜207

12 次の文の（　）の中に適当な語句を記入せよ。

物質が変化するとき，最初の状態と最後の状態が決まれば，途中の（1　　　）には関係なく，この間に出入りする熱量の（2　　　）は一定である。これを（3　　　）の法則という。たとえば，右のエネルギー図から，1molの液体の水が気体の水になるとき，（4　　　）kJの熱を（5　　　）することがわかる。

$2H_2$ (g) + O_2 (g)
242 kJ
H_2O (g)
286 kJ
x [kJ]
H_2O (l)

13 水素H_2の結合エンタルピー，黒鉛Cの昇華熱は，それぞれ432kJ/mol，715kJ/molである。メタンCH_4の標準生成エンタルピーが－75kJ/molであることから，メタンCH_4中のC—H結合の結合エンタルピー［kJ/mol］を求めよ。

答 （1　　　）kJ/mol

14 次の三つの熱化学方程式から，ヘスの法則によって，硫化水素H_2S (g)の生成エンタルピーを求めよ。

(i) $H_2S\ (g) + \frac{3}{2}O_2\ (g) \longrightarrow H_2O\ (l) + SO_2\ (g) \quad \Delta H = -562\ kJ/mol$

(ii) $S\ (s) + O_2\ (g) \longrightarrow SO_2 \quad \Delta H = -297\ kJ/mol$

(iii) $H_2\ (g) + \frac{1}{2}O_2\ (g) \longrightarrow H_2O\ (l) \quad \Delta H = -286\ kJ/mol$

解 (ii)＋(iii)－(i)とし，整理すると，

$H_2\ (g) + S\ (s) \longrightarrow H_2S\ (g) \quad \Delta H =$（1　　　）

となり，H_2S (g)の生成エンタルピーは（2　　　）である。

15　**14** の式(i)と式(ii)から，ヘスの法則によって，次の反応の反応エンタルピーを求めよ。

$$2H_2S(g) + SO_2(g) \longrightarrow 3S(s) + 2H_2O(l)$$

解　**14** から，

(i)　$H_2S(g) + \frac{3}{2}O_2(g) \longrightarrow H_2O(l) + SO_2(g) \qquad \Delta H = -562\,kJ/mol$

(ii)　$S(s) + O_2(g) \longrightarrow SO_2(g) \qquad \Delta H = -297\,kJ/mol$

である。この二つの式から，この問いの熱化学方程式の形を導くには，(i)$\times 2 -$(ii)$\times 3$ とすればよい。

答　反応エンタルピーは（[1]　　　　　）である。

16　アセチレン C_2H_2 (g) の生成エンタルピーは 227 kJ/mol である。このことから，アセチレンが分解して C (s) と H_2 (g) を生じるときの熱化学方程式を書け。

解　生成エンタルピーとは，ある化合物 1 mol がその成分元素の単体から生成するときの熱量であるから，アセチレンの分解反応を熱化学方程式で表すと，次のようになる。

$C_2H_2(g) \longrightarrow$（[1]　　　）+（[2]　　　）　$\Delta H = -227\,kJ/mol$

17　一酸化窒素 NO (g) と二酸化窒素 NO_2 (g) の生成エンタルピーはそれぞれ 90 kJ/mol，33 kJ/mol である。このことから，次の熱化学方程式の x を求めよ。

$$NO(g) + \frac{1}{2}O_2(g) \longrightarrow NO_2(g) \qquad \Delta H = x\,[kJ/mol] \qquad \cdots\cdots ①$$

解　NO (g) と NO_2 (g) の生成エンタルピーを示す熱化学方程式を書くと

(i)　（[1]　　　　　　　　　　　　　　　　　　）

(ii)　（[2]　　　　　　　　　　　　　　　　　　）

(i)と(ii)を用いて，①の式になるようにする。

答　$x =$（[3]　　　　　）kJ/mol

➡ 生成熱は，生成する物質 1 mol あたりの値であることに注意しよう。

➡ 反応式は，工業化学１ p. 115 参照。

18　エタノール C_2H_5OH (l) の燃焼エンタルピーは -1368 kJ/mol である。エタノール 1 g を完全燃焼させると何 kJ の熱が出るか。

解　エタノール 1 mol は（[1]　　　　　）g であるから，1 g では，

$$\frac{1368}{(\ ^2\qquad)} = (\ ^3\qquad\qquad)\ kJ$$

➡ 答えの有効数字は 3 けたでよい。

19 水素の燃焼エンタルピー Q を結合エンタルピーから求めよ。

$$H_2\,(g) + \frac{1}{2}O_2\,(g) \longrightarrow H_2O\,(g) \qquad \Delta H = Q\,\text{kJ/mol} \qquad \cdots\cdots①$$

解1 H—H，O=O，H—O の結合エンタルピーはそれぞれ 432 kJ/mol，494 kJ/mol，459 kJ/mol なので，

(1) $H_2\,(g) \longrightarrow 2H\,(g)$ $\Delta H_{(1)} = +432\,\text{kJ/mol}$

(2) $O_2\,(g) \longrightarrow 2O\,(g)$ $\Delta H_{(2)} = +494\,\text{kJ/mol}$

(3) $H_2O\,(g) \longrightarrow 2H\,(g) + O\,(g)$ $\Delta H_{(3)} = +918\,\text{kJ/mol}$

この三つの式を用いて①の式になるようにする。

答 Q = (1 　　　　) kJ/mol

解2

図より，Q = ② − ① = (2 　　　　) kJ/mol

20 工業的気体燃料の一種である水性ガスは，体積比で，

H_2 50 %，CO 40 %，CO_2 5 %，N_2 5 %

よりなる。水性ガス 1 m^3 (0 ℃，101.3 kPa) を完全燃焼させたら，何 kJ の発熱量が得られるか。

ただし，$H_2\,(g) + \frac{1}{2}O_2\,(g) \longrightarrow H_2O\,(l) \qquad \Delta H = -286\,\text{kJ/mol}$

$CO\,(g) + \frac{1}{2}O_2\,(g) \longrightarrow CO_2\,(g) \qquad \Delta H = -283\,\text{kJ/mol}$ とする。

解 まず，水性ガス 1 m^3 = 1000 L (0 ℃，101.3 kPa) の物質量を求める。

$$\frac{(^1\qquad)}{(^2\qquad)} = (^3\qquad)\ [\text{mol}]$$

気体の場合，“物質量の比 = 気体の体積比”となるので，

H_2 の水性ガス中に含まれる物質量は，(3 　　) × (4 　　) = (5 　　) [mol]

CO の水性ガス中に含まれる物質量は，(3 　　) × (6 　　) = (7 　　) [mol]

それぞれ 1 mol 燃焼すると，H_2 は 286 kJ，CO は 283 kJ 発熱する。

よって発熱量 Q は，

(5 　　) [mol] × 286 [kJ/mol] + (7 　　) [mol] × 283 [kJ/mol]

= (8 　　) [kJ] ≒ 11 400 [kJ]

21　体積パーセントで H_2 48 %，CH_4 36 %，N_2 6 %，CO 8 %，CO_2 2 % の混合気体がある。H_2，CH_4，CO の燃焼熱はそれぞれ 286，891，283 kJ/mol とすれば，標準状態（0 ℃，1 atm）におけるこの混合気体 1 m^2 の燃焼熱はいくらか。有効数字 3 けたで求めよ。

➡ 混合気体中の成分気体の体積を求め，可燃性気体の燃焼熱を熱化学方程式から別々に計算し，その和を求めればよい。

解　1 m^2 = 1000 L，可燃性気体は H_2，CH_4，CO で，各成分の体積および燃焼熱は，

$$H_2 : 1000 \times \frac{(^1\qquad)}{100} = (^2\qquad)\ \text{L}$$

$$\frac{(^2\qquad)}{22.4} \times 286 = (^3\qquad)\ \text{kJ}$$

$$CH_4 : 1000 \times \frac{(^4\qquad)}{100} = (^5\qquad)\ \text{L}$$

$$\frac{(^5\qquad)}{22.4} \times 891 = (^6\qquad)\ \text{kJ}$$

$$CO : 1000 \times \frac{(^7\qquad)}{100} = (^8\qquad)\ \text{L}$$

$$\frac{(^8\qquad)}{22.4} \times 283 = (^9\qquad)\ \text{kJ}$$

したがって，混合気体 1 m^3 の燃焼熱は

$$(^3\qquad) + (^6\qquad) + (^8\qquad) = (^{10}\qquad)\ \text{kJ}$$

➡ 有効数字が 3 けたとなるように丸める。

3 化学反応と光　工業化学 1　p. 208～209

22　光化学反応とは何か，例をあげて説明せよ。

答　ハロゲン化（1　　　）が光を受けて変色したり，酸素が紫外線の作用で（2　　　）に変わるように，光の（3　　　）を物質が（4　　　）して起こる化学反応をいう。この場合，物質に（5　　　）されないで透過または（6　　　）した光は，光化学反応に関係しない。

23　光合成の反応は非常に複雑であるが，二酸化炭素と水からブドウ糖 $C_6H_{12}O_6$ と酸素ができるものとして，化学反応式を書け。

答　（1　　　　　　　　　　　　　　　　）

■豆知識■

熱量の単位 J（ジュール）に名を残した James Prescott Joule はイギリスの物理学者。電流の熱作用から，発生する熱量が電流の強さの 2 乗と導線の抵抗に比例することを発見した（1840 年）。また熱と仕事量との関係も導いた。

第９章　反応速度と化学平衡

1 反応速度　工業化学１　p. 212〜216

1　次の図は，過マンガン酸カリウム $KMnO_4$ を，過酸化水素 H_2O_2 またはシュウ酸 $H_2C_2O_4$ と反応させて，過マンガン酸カリウムの分解の速さをその紫色の消える速さで比較する実験の図解である。下の(1)〜(3)の問いに答えよ。

➡ 反応式は

$2KMnO_4 + 5H_2O + 3H_2SO_4 \longrightarrow K_2SO_4 + 2MnSO_4 + 8H_2O + 5O_2$

$2KMnO_4 + 2H_2C_2O_4 + 3H_2SO_4 \longrightarrow K_2SO_4 + 2MnSO_4 + 8H_2O + 10CO_2$

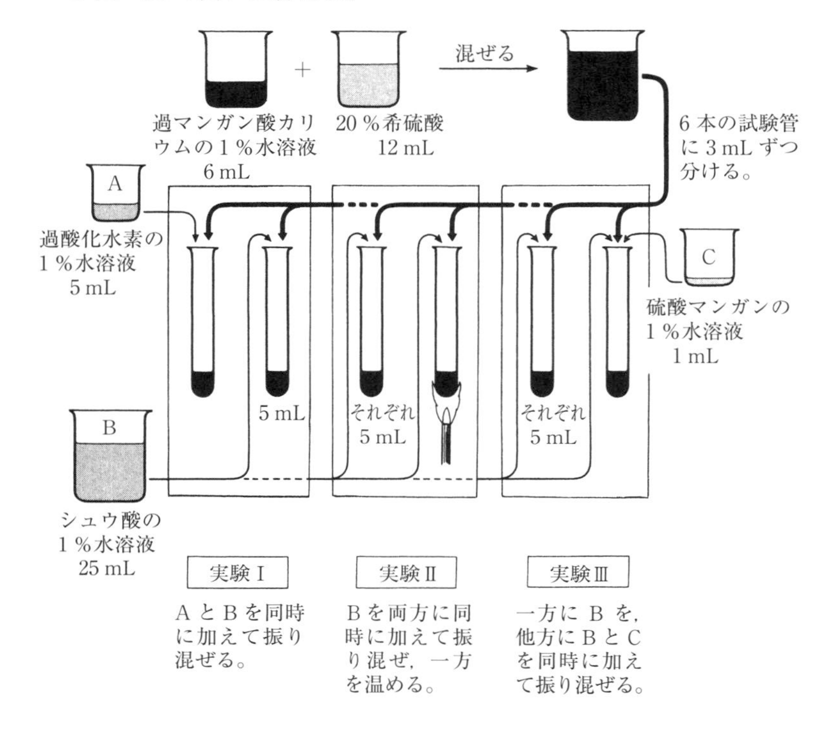

(1)　上の実験Ⅰ，Ⅱ，Ⅲで，それぞれ２本の試験管のうち，色が消えるのはどちらのほうが速いか。「左」，「右」で答えよ。

答　実験Ⅰ…（1　　　　），実験Ⅱ…（2　　　　），

実験Ⅲ…（3　　　　）

(2)　触媒の働きを観察しているのはどの実験か。

答　実験（4　　　　）

(3)　温度の影響を観察しているのはどの実験か。

答　実験（5　　　　）

➡ 実験Ⅰは，上の化学反応式が起きる。理論的にはむずかしいが，反応物によって反応速度が違うことが実験でわかる。

2　反応物質Aの濃度［A］の単位を mol/L，反応速度 r の単位を mol/(L・s) とし，$r = k$［A］という反応速度式が成り立つとき，(1)〜(3)の問いに答えよ。

(1)　k のことを何というか。　　答　(1　　　　　)

(2)　k の単位は何か。　　答　(2　　　　　)

(3)　k は温度とどういう関係があるか。

答　温度が上昇するにつれて (3　　　　) くなる。

3　反応速度式が

(a)　$r = k$［A］

(b)　$r = k$［B］［C］

のような形で表される反応がある（ただし，A，B，C は反応物質の化学式を表すものとする）。

(1)　(a)のような反応を何というか。　　答　(1　　　　) 反応

(2)　(b)のような反応を何というか。　　答　(2　　　　) 反応

4　一定温度における反応で，反応物質の濃度の減っていくようすを継続的に測定したら，右のような曲線が得られた。(1)〜(3)の問いに答えよ。

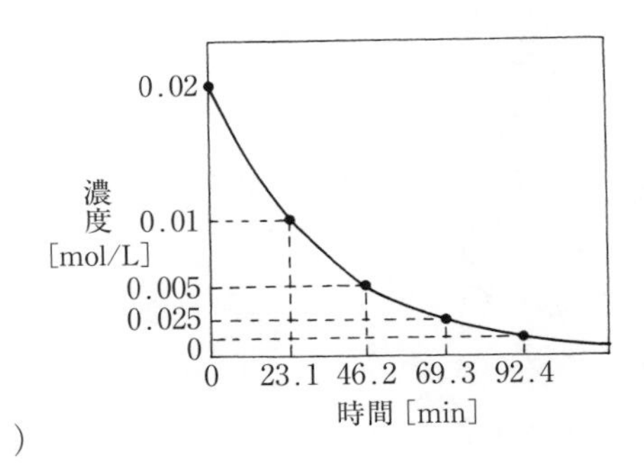

(1)　この反応の半減期はいくらか。

答　(1　　　　　)

(2)　この反応で，反応物質の濃度が最初の $\frac{1}{64}$ になるのは，最初から何 min 後か。　　答　(2　　　　　)

(3)　この反応は何次反応か。　　答　(3　　　　　)

5　温度が 10 ℃ 上昇するごとに反応速度が3倍になると仮定すれば，30 ℃ で 1 h（1時間）かかる反応は，60 ℃ では何 min かかるか。また，0 ℃ では何 h かかるか。

解　60 ℃ では，反応速度が 30 ℃ のときの (1　　　) 倍になるから，

$$\frac{60\ \text{min}}{(^2\qquad)} = (^3\qquad)\ \text{min}$$

また，0 ℃ では，反応速度が 30 ℃ のときの $\frac{1}{(^4\qquad)}$ になるから，

➔ 答えの有効数字は2けたでよい。

$$1\ \text{h} \times (^5\qquad) = (^6\qquad)\ \text{h}$$

6 右の図は化学反応の経路とエネルギーの関係を示す。

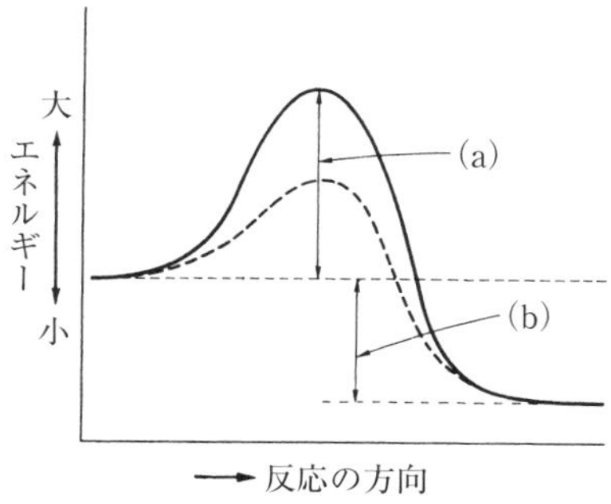

大
エネルギー
小
(a)
(b)
→ 反応の方向

(1) 図中の(a), (b)は何を示しているか。

答 (a)は (1　　　　　　　　　　　)

(b)は (2　　　　　　　　　　　)

(2) 図中の実線 —— と破線 ------ の曲線は何を表しているか。

答 実線の曲線は (3　　　　　) を用い (4　　　　　) 場合，

破線の曲線は (5　　　　　) を用い (6　　　　　) 場合。

(3) 抑制剤を用いた場合，図中の(a)の値は大きくなるか，小さくなるか。

答 反応の速さを (7　　　　　　) する目的で用いられる物質のため，図中の(a)の値は (8　　　　　　) なる。

7 次の文の (　　) の中に適当な語句を記入せよ。

(1) 分子のもっている (1　　　　　　) エネルギーは，温度が高いほど (2　　　　　　) いので，温度が高いほど (3　　　　　　) エネルギー以上の (4　　　　　　) エネルギーをもつ (5　　　　　　) の数が増え，分子どうしの (6　　　　　　) の回数も増す。温度が高いほど反応速度が (7　　　　　　) くなるのはこのためである。

(2) (8　　　　　　) は，反応の速さを大きくしたいときに用いられる。より (9　　　　　　) い (10　　　　　　) エネルギーで反応が進むようにする働きがあるので，これを用いると，同じ温度でも反応する分子の数が (11　　　　　　) くなる。

(3) 一方，(12　　　　　　) は，反応の速さを小さくしたいときに用いられる。これを用いると，より (13　　　　　　) い (14　　　　　　) エネルギーを必要とし，同じ温度でも反応する分子の数が (15　　　　　　) くなる。

2 化学平衡　工業化学１　p. 217〜226

8 アンモニアの合成反応は次の式で表される。

$$N_2 + 3H_2 \rightleftarrows 2NH_3$$

この反応のことは，工業化学１ p. 251 で詳しく学ぶ。

(1) このように，右にも左にも進む反応を何というか。

答 (1　　　　) 反応

(2) 右向きの反応を正反応というとき，左向きの反応を何というか。

答 (2　　　　) 反応

(3) 化学平衡の状態または平衡状態とはどのような状態か。

答 (3　　　　) 反応と (4　　　　) 反応の (5　　　　) が等しくなり，反応が (6　　　　) ようにみえる状態。

(4) ふつうの工業的条件でのアンモニアの合成反応は，NH_3 の濃度がどの程度になったところで平衡状態になるか。次の数値の中で正しい値に最も近いものを○で囲め。

ふつうの工業的条件とは，温度が 500 ℃，圧力が 20 MPa 程度である。

答 1.5〜2 vol%　　15〜20 vol%　　50〜55 vol%　　80〜85 vol%

9 右の図は，二酸化窒素を注射器の中に入れて，その色を観察しているところである。

(a) 温める　　(b) 冷やす

(1) 二酸化窒素の化学式と色を書け。

答 (1　　　　)，(2　　　　) 色

(2) (a) の色と (b) の色は，どちらが濃いか。

答 (3　　　　) のほうが濃い。

(3) 温度によって色の濃さが変わる理由を説明せよ。

答 温度が下がると，$2NO_2 \rightleftarrows N_2O_4$ の反応が (4　　　　) に進んで (5　　　　) 色の (6　　　　) が多くなるからである。

10 次の文の (　　) の中に適当な語句を記入せよ。

「平衡状態になっている系の (1　　　　)・(2　　　　) などの条件を変えると，その条件の変化をなるべく (3　　　　) くするような方向に (4　　　　) が (5　　　　) して，新しい (6　　　　) 状態に達する。」

これを (7　　　　　　) の原理といい，ある (8　　　　) 反応の (9　　　　) 状態が (10　　　　) や (11　　　　) の変化でどの方向に (12　　　　) するかを判断するのに役立つ。

11 熱化学方程式 $2NO_2\,(g) \longrightarrow N_2O_4\,(g)\quad \Delta H = -57\,kJ$ で表される反応が平衡状態にあるとして，次の問いに答えよ。

(1) 圧力を変えないで温度を上げれば，NO_2 は前より多くなるか少なくなるか。

答 ([1] 　　　) くなる。

(2) 温度を変えないで圧縮し，圧力を大きくしたら，NO_2 は前より多くなるか少なくなるか。

答 ([2] 　　　) くなる。

➜ (1)，(2) とも，答えだけでなく，その理由をルシャトリエの原理によって説明してみよう。

12 次の反応は可逆反応である。

$$H_2\,(g) + I_2\,(g) \longrightarrow 2HI\,(g) \qquad \Delta H = -10.4\,kJ$$

この反応についての (1)，(2) の記述が正しければ○，誤りなら×を答の欄に記入し，×の場合は正しい答えを簡単に付記せよ。

(1) 発熱反応だから，温度を低くすれば平衡は右に移動する。

答 ([1] 　　　　　　　　　　　　　　　　　　)

(2) 物質量の増える反応だから，圧力を低くすれば，平衡は右に移動する。

答 ([2] 　　　　　　　　　　　　　　　　　　)

➜ H_2 と Cl_2 との反応は非常に激しく完全に右に進むが，同じハロゲンでも I_2 は反応性が小さく，H_2 と緩やかに反応して，途中で平衡状態になる。

13 次のような可逆反応がある。

$$CH_3COOH + C_2H_5OH \rightleftarrows CH_3COOC_2H_5 + H_2O$$

反応式の中に物質の濃度（単位は mol/L）を，たとえば，H_2O なら［H_2O］のように表すと，この反応の平衡状態では四つの物質の濃度の間にどのような式が成り立つか。［　　］の中に化学式を記入せよ。

答 $\dfrac{[\ ^{1}\ \ \ \ \ \ ]\,[\ ^{2}\ \ \ \ \ \ ]}{[\ ^{3}\ \ \ \ \ \ ]\,[\ ^{4}\ \ \ \ \ \ ]} = K$

➜ CH_3COOH は酢酸，C_2H_5OH はエタノール，$CH_3COOC_2H_5$ は酢酸エチルである。

14　**13** の答えの式について，(1)〜(3) の問いに答えよ。

(1)　K はどのような値か。

答　(1　　　　) が変わらなければ変わらない値で，この反応の (2　　　　　) とよばれる。

(2)　このような式で表される関係を何というか。

答　(3　　　　　　) の法則。

(3)　反応が平衡状態にあるとき，これに水 H_2O を新たに加えたらどうなるか。(　　) または [　　] に記入せよ。

答　**13** の式の [4　　　　] が (5　　　　) くなって，式が一時的に成り立たなくなる。そこで反応が (6　　　　) 向きすなわち (7　　　　) 反応の方向に進み，式の分母の [8　　　　] と [9　　　　] の値が少しずつ (10　　　　) くなり，式の分子の [11　　　　] と [12　　　　] の値が少しずつ (13　　　　) くなって，再び **13** の式が成り立つようになり，新しい (14　　　　) 状態になる。

15　酢酸の水溶液中では次のような平衡が保たれている。

$$CH_3COOH \rightleftharpoons CH_3COO^- + H^+$$

(1)　このような平衡を何というか。　　　答　(1　　　　) 平衡

(2)　酢酸分子および各イオンのモル濃度を $[CH_3COOH]$，$[CH_3COO^-]$，$[H^+]$ で表すと，これらの間にはどのような関係が成り立つか。

答　(2　　　　　　　　　　　　　　) $= K$

(3)　上の式の K を何とよぶか。　　　答　(3　　　　) 定数

➡ 酢酸の K の値は，25 ℃ で 1.75×10^{-5} mol/L という小さな値である。

16　水のイオン積 K_w の値は，40 ℃ では 2.9×10^{-14} $(mol/L)^2$ である。40 ℃ の純水の中の水素イオン濃度を求めよ。また，それは 25 ℃ のときの水素イオン濃度の何倍か。

解　純水中では $[H^+] = [OH^-]$ であるから，

$$[H^+]\,[OH^-] = [H^+]^2 = K_w$$

ゆえに，$[H^+] = \sqrt{K_w}$

$= \sqrt{(1\qquad\qquad)}$

$= (2\qquad\qquad)$ mol/L

➡ 有効数字２けたでよい。

25 ℃ では，$[H^+] = (3\qquad\qquad)$ mol/L

であるから，(4　　　　) 倍である。

17 水素イオン濃度を $[H^+]$（mol/L）で表すと，

$$pH = -\log_{10}[H^+]$$

である。この式を用いて次の pH を求めよ。

➡ 電卓の log キーを使えば，容易に計算できる。答えは小数第1位まででよい。

(1) $[H^+] = 2.0 \times 10^{-4}$ mol/L のときの pH

答 pH = $-\log_{10}$ (1 　　　　)

= (2 　　　　)

(2) $[H^+] = 3.2 \times 10^{-11}$ mol/L のときの pH

答 pH = $-\log_{10}$ (3 　　　　)

= (4 　　　　)

(3) $[H^+] = 7.9 \times 10^{-2}$ mol/L のときの pH

答 pH = $-\log_{10}$ (5 　　　　)

= (6 　　　　)

18 次の水溶液の pH を求めよ。

(1) 0.0025 mol/L の塩酸。ただし，塩酸の電離度を 1 とする。

➡ $HCl \longrightarrow H^+ + Cl^-$

解 $[H^+] = [Cl^-] = 0.0025$ mol/L

ゆえに pH = $-\log_{10}$ (1 　　　　)

= (2 　　　　)

(2) 0.050 mol/L の水酸化ナトリウム水溶液（25 ℃）。

ただし，水酸化ナトリウムの電離度を 1 とする。

➡ $NaOH \longrightarrow Na^+ + OH^-$

解 $[OH^-] = 0.050$ mol/L であるから，

$$[H^+] = \frac{K_w}{[OH^-]}$$

= (3 　　　　) / (4 　　　　)

= (5 　　　　) mol/L

ゆえに pH = $-\log_{10}$ (6 　　　　)

= (7 　　　　)

(3) 0.20 mol/L の酢酸水溶液（25 ℃）。ただし，酢酸の電離度は 0.0093 である。

➡ $CH_3COOH \rightleftarrows CH_3COO^- + H^+$

解 $[H^+]$ = (8 　　　　) × 0.0093

= (9 　　　　) mol/L

ゆえに pH = $-\log_{10}$ (10 　　　　)

= (11 　　　　)

19　次の文の（　　）の中に適当な語句を記入せよ。

ある溶液に（1　　　　）または塩基を加えたとき，溶液の pH の変化が，（2　　　　）に加えた場合の pH の変化より（3　　　　）ければ，その溶液には（4　　　　）作用があるといい，そのような溶液を（5　　　　）液という。

一般に，（6　　　　）とその塩，または（7　　　　）塩基とその塩の混合溶液には（8　　　　）作用がある。

➔ 実例をあげてみよう。

20　次の文の（　　）の中に適切な語句を記入せよ。

酢酸と（1　　　　）の混合溶液では，少量の酸または塩基を加えてもその pH はあまり変化しない。このような溶液を（2　　　　）という。たとえば，酢酸は水中で次のようにわずかに電離している。

$$CH_3COOH \rightleftarrows CH_3COO^- + H^+ \quad \cdots\cdots (a)$$

この溶液に（3　　　　）を加えると，これはほぼ完全に電離していると考えられるので，多量の（4　　　　）を生じ，(a) の平衡は（5　　　　）の方向に移動する。その結果，（6　　　　）の濃度は減少し，pH は大きくなる。

21　15 ℃ の塩化銀の飽和溶液 1 L 中に，AgCl は何 mg 溶けているか。ただし，AgCl の溶解度積は，8.1×10^{-11} (mol/L)^2（15 ℃），AgCl の式量は 143.4 とする。

解　AgCl の溶解度積 $K_{sp} = [Ag^+][Cl^-]$

$$= 8.1 \times 10^{-11}\ (\text{mol/L})^2$$

AgCl を溶解させたときは，$[Ag^+] = [Cl^-]$ なので，この値を c [mol/L] とすると，

c = （1　　　　）mol/L

したがって，AgCl も 1 L 中に（1　　　　）mol 溶けているから，その質量は，（2　　　　）mg となる。

第10章　放射性物質と原子核エネルギー

1 原子核　工業化学1　p. 230〜231

1 質量 m [kg]，エネルギー E [J]，光の速度 c [m/s] の間にはどのような関係式が成り立つか。

答 （[1]　　　　　）

➡ この関係は，アインシュタインが1905年に発表した特殊相対性理論の中に示されている。

2 右の図のpとnは，原子核を構成している粒子（核子）を表す。(1)，(2)の問いに答えよ。

(1) この図は何を説明しているか。

答 （[1]　　　　）の質量が（[2]　　　　）と（[3]　　　　）の質量の和よりも小さいということ。

(2) この質量の差を何というか。また，それをエネルギーの単位で表した値を何というか。

答 質量（[4]　　　　），原子核の（[5]　　　　）エネルギー

ばらばらの陽子と中性子　ⓟⓟⓝⓝ
原子核　ⓟⓝⓝⓟ

ⓟ……陽子
ⓝ……中性子

2 放射性物質　工業化学1　p. 232〜236

3 次の文の（　　）の中に適当な文字を記入せよ。

(1) ベクレルが発見した（[1]　　　　）線は3種類ある。これらをそれぞれ（[2]　　　　）線，（[3]　　　　）線，（[4]　　　　）線という。

これらのうち物質に対する透過力が最も大きいのは（[5]　　　　）線，最も小さいのは（[6]　　　　）線である。

また，（[7]　　　　）線は磁界や電界の中を直進する性質がある。

（[8]　　　　）線は電子の流れ，（[9]　　　　）線は（[10]　　　　）波，そして（[11]　　　　）線は（[12]　　　　）の流れである。

➡ 目にみえない現象の話は理解しにくいが，基本的なことは確実に覚えておこう。

(2) 原子核が放射線を放出すると別の原子核に変わる。これを原子核の放射性（[13]　　　　）という。このうちα粒子の放出によるものを（[14]　　　　），電子の放出によるものを（[15]　　　　），陽（[16]　　　　）の放出によるものを（[17]　　　　）という。α粒子は（[18]　　　　）の原子核である。α粒子や電子が放出される際には，同時に（[19]　　　　）線が放出されることが多い。

➡ 原子核が変化する反応を，一般に原子核反応または核反応という。化学反応とは根本的に違うことに注意しよう。

(3) 放射性核種の原子核がしだいに崩壊して最初の半数になるまでの時間を（[20]　　　　）という。

4　右の表は，放射性崩壊の際に原子番号と質量がどのように変化するかを示す「変位の法則」である。表の（　　）内に次の例にならって記入せよ。

（例）不変　　1減少　　2増加

崩壊の種類	原子番号	質量数
α 崩壊	（1　　　）	（2　　　）
β^- 崩壊	（3　　　）	（4　　　）
β^+ 崩壊	（5　　　）	（6　　　）

5　次の各原子核が，〔　　〕の中に示す形式の崩壊をしたときの核反応式を示せ。

(1)　$^{226}_{88}\mathrm{Ra}$〔α 崩壊〕　(2)　$^{14}_{6}\mathrm{C}$〔β^- 崩壊〕

答　(1)　（1　　　　　　　　　　　　　　）

(2)　（2　　　　　　　　　　　　　　）

3 放射線の測定と利用　工業化学1　p. 237〜239

6　放射線の強さを表す単位を説明せよ。

答　毎（1　　　　）1個の（2　　　　）が崩壊するときの放射能を1（3　　　　）といい，単位記号で1（4　　　　）と表す。なお，従来は（5　　　　）Ciという単位が用いられた。

7　放射線の検出には，放射線が物質におよぼす作用を利用する。左側の検出器は，右側のどの作用を利用しているか。線で結べ。

答　GM管……………………・　　　　・写真作用
シンチレーション計数器・　　　　・電離作用
ポケット線量計…………・　　　　・蛍光作用
フィルムバッジ…………・

➔ GMは，ガイガーとミュラー（いずれもドイツの物理学者）の名前の頭文字。

8　次の左側に書いた放射線または放射性同位体の利用法は，右側のどれに分類されるか。線で結べ。

答　厚さの測定……………・　　　　・照射利用
ポリエチレンの強化…・　　　　・トレーサー利用
体内の元素の移動調査・　　　　・線源利用
非破壊検査……………・

4　原子核エネルギーの利用　工業化学１　p. 240〜244

9　ウラン 235 に１個の中性子が衝突して吸収され，ストロンチウム 94 とキセノン 140 とに核分裂し，同時に中性子２個を放出するものとして，その核反応式を書け。

答　ウラン，ストロンチウム，キセノンの原子番号は，それぞれ (1　　　)，(2　　　)，(3　　　) であるから，核反応式は次のようになる。

(4　　　　　　　　　　　　　　)

➔ ウラン 235 とは，質量数が 235 のウランのこと。

➔ →印の左右の原子番号の和および質量数の和がそれぞれ一致するかどうか確かめよう。

10　次の図は，ある核融合反応をモデルで示したものである。これを核反応式で表せ。

◎ は陽子，○ は中性子

答　(1　　　　　　　　　　　　　　)

➔ 核融合反応の種類はいくつかあり，この図はそのうちの一例である。

11　次の文の (　　) の中に語句または数値を記入せよ。

(1)　原子力発電用の (1　　　) 燃料として，わが国では主として低 (2　　　) ウランが用いられている。これは (3　　　) ウランに (4　　　) mol% 含まれている質量数 (5　　　) のウランの割合を 2〜4 mol% に高めたものである。

(2)　原子炉の減速材とは，高速 (6　　　) を原子核との衝突によって減速し，(7　　　) とするための物質で，(8　　　) 水，重 (9　　　)，黒鉛などが用いられる。

(3)　核 (10　　　) で生じた (11　　　) のうち不要な分を吸収させるため，ホウ素や (12　　　) を含む (13　　　) 棒が用いられる。

(4)　右の図は (14　　　) 水型原子炉を用いた原子力発電のしくみである。

減速材として (15　　　) を用い，発生した水蒸気が (16　　　) を回転させるが，水蒸気は (17　　　) をもつ。これに対して，(18　　　) 水型原子炉では蒸気発生器を別に必要とするが，水蒸気は (19　　　) をもたない。

原子炉格納容器
水蒸気
水
炉水浄化装置
再循環ポンプ
ベント
発電器
復水器
放水路へ
冷却水（海水）
ポンプ
ポンプ
水
水
圧力抑制プール

第 11 章　資源の利用と無機化学工業

1 化学工業　工業化学 1　p. 248〜249

1　次の化学工業製品の呼称を書け。

水酸化ナトリウム　NaOH　(1　　　　　　)
炭酸ナトリウム　Na_2CO_3　(2　　　　　　)
水酸化カリウム　KOH　(3　　　　　　)
塩化アンモニウム　NH_4Cl　(4　　　　　　)

2 空気の利用　工業化学 1　p. 250〜254

2　次の文の（　　）に適当な語句を記入せよ。

工業化学 1 p. 62 参照。

空気は（1　　　　）という方法で分離できるが，その成分の約 80 % が（2　　　　），約 20 % が（3　　　　）であり，その他，二酸化炭素やアルゴンなどが含まれている。（4　　　　）に高温高圧の条件下で水素を加えると（5　　　　）ができる。この方法を（6　　　　）法という。

3　次の熱化学方程式について，以下の問いに答えよ。

$$N_2(g) + 3H_2(g) \rightarrow 2NH_3(g) \qquad \Delta H = -92\,kJ$$

(1)　この反応で，平衡状態のアンモニアの割合（濃度）を大きくするには，温度と圧力は高いほうがよいか，それとも低いほうがよいか。また，その理由を簡単に述べよ。

答　温度…（1　　　　）いほうがよい。
理由：（2　　　　）反応だから。
圧力…（3　　　　）いほうがよい。
理由：（4　　　　）が（5　　　　）る反応だから。

(2)　この反応には触媒が使われる。なぜ触媒が必要か。

答　反応速度はある程度大きくする必要がある。触媒がなくても（6　　　　）を（7　　　　）くすれば反応速度は大きくなるが，そうすると平衡状態のアンモニアの割合が（8　　　　）くなる。そこで，（9　　　　）をあまり（10　　　　）くしないで，触媒の働きで（11　　　　）を大きくするようにしているのである。

(3)　アンモニアの工業的な合成法は，（12　　　　）法とよばれる。

4 硝酸の製造について，次の文の（　　）にあてはまる化学式または語句を入れ，下の問いに答えよ。

アンモニアから硝酸を工業的に製造する過程は，次の化学反応式で表される。

$4NH_3 + 5O_2 \longrightarrow 4$ ([1]　　　　) $+ 6H_2O$　…①

2 ([1]　　　　) $+ O_2 \longrightarrow 2$ ([2]　　　　)　…②

3 ([2]　　　　) $+ H_2O \longrightarrow 2HNO_3 +$ ([3]　　　　)　…③

このような硝酸の工業的製法を ([4]　　　　　　　　) とよぶ。

(1) ①～③の過程で，触媒を必要とするのはどの反応か。

(2) アンモニア 1 mol から 63 % の硝酸は何 g できるか。($HNO_3 = 63$)

答 (1) ([5]　　　) (2) ([6]　　　　)

3 海水の利用　工業化学 1　p. 255～259

5 次の文を完成させ，下の問いに答えよ。

塩化ナトリウムの飽和溶液に ([1]　　　　) を十分に溶かし，これに二酸化炭素を吹き込むと，次の化学反応により ([2]　　　　) が沈殿する。

$NaCl + NH_3 + CO_2 + H_2O \longrightarrow$ ([3]　　　　) $+ NH_4Cl$

この生成物を熱分解すると，炭酸ナトリウムが得られる。

(1) 生成物を熱分解したときの化学反応式を示せ。

答 ([4]　　　　　　　　　　　　　　　　　　)

(2) この工業的製法は何とよばれているか。

答 ([5]　　　　　　　　　　)

6 炭酸ナトリウム Na_2CO_3 の工業的製法について，次の（　　）に適当な語句・化学式を記入せよ。

(1) $NaCl + NH_3 + CO_2 + H_2O \longrightarrow$ ([1]　　　　) $\downarrow + NH_4Cl$

(2) $2NaHCO_3 \xrightarrow[\text{加熱}]{}$ ([2]　　　　) $+ H_2O + CO_2\uparrow$

(3) $CaCO_3 \xrightarrow[\text{加熱}]{} CaO +$ ([3]　　　　)

(4) $CaO + H_2O \longrightarrow$ ([4]　　　　)

(5) $2NH_4Cl + Ca(OH)_2 \longrightarrow$ ([5]　　　　) $+ 2H_2O +$ ([6]　　　　) $\uparrow$

以上の (1)～(5) の式をまとめると，

$2NaCl + CaCO_3 \longrightarrow CaCl_2 + Na_2CO_3$

となる。

この工業的製法は，([7]　　　　) 法，またはソルベー法といわれる。(5) 式で発生する ([8]　　　　) は回収され，再び (1) 式の反応に使われる。また，(2) 式で発生する ([9]　　　　) も回収されて (1) 式の反応に使われる。

4 塩酸と硫酸　工業化学 1　p. 260〜262

7　下の図は，硫黄から硫酸が製造される過程を示したものである。(　　) には物質名を，〔　　〕には化学式を記入せよ。

硫　黄 $\xrightarrow{O_2}$ ([1]　　　　) $\xrightarrow{O_2}$ ([2]　　　　) $\xrightarrow{\text{濃硫酸}}$ 硫酸

S　　　　　　SO_2　　　　　　SO_3　　　　〔[3]　　　　〕

8　次の文中の (　　) に該当する物質名を入れ，問いに答えよ。

硫黄を燃焼させると無色，刺激臭の ([1]　　　　) を生じる。この気体を空気と混ぜ，高温で触媒を用いて反応させると ([2]　　　　) が生成する。これを濃硫酸に吸収させて ([3]　　　　) としたのち希硫酸を加えて濃硫酸とする。

(1)　上で用いる触媒は何か。　　答 ([4]　　　　　　　　)

(2)　文中の (2) から硫酸になる反応を化学反応式で表せ。

答 ([5]　　　　　　　　　　　　　　　　)

(3)　(2) の反応で，水を用いず濃硫酸を用いるのはなぜか。

答 ([6]　　　　　　　　　　　　　　　　)

(4)　硫黄 1 t がすべて硫酸に変わったとすると，95 % の濃硫酸は何 t できるか。

答 ([7]　　　　　)

9　次の系統図は硝酸および硫酸を工業的に製造する順序を示したものである。図の (a)〜(k) に適する語句または化学式を下の欄から選べ。

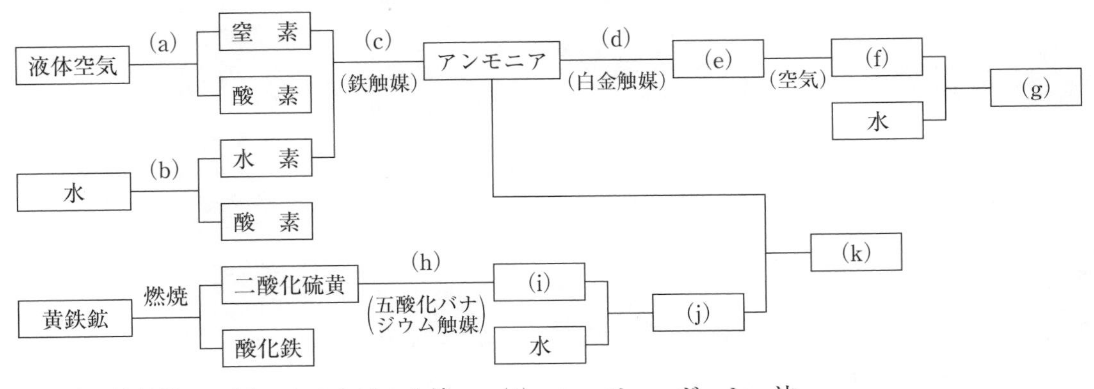

(ア)　接触法　　(イ)　オストワルト法　　(ウ)　ハーバー・ボッシュ法

(エ)　燃焼　　(オ)　電気分解　　(カ)　分留　　(キ)　NO_2　　(ク)　NO

(ケ)　HNO_3　　(コ)　N_2O_5　　(サ)　$(NH_4)_2SO_4$　　(シ)　SO_3　　(ス)　H_2S

(セ)　SO_2　　(ソ)　H_2SO_4

第 12 章　有機化学

1 有機化合物の特徴・分類と命名法　工業化学 2　p. 8〜10

1 有機化合物の特徴

1　次の文の（　　）に適当な語句を記入せよ。

(1)　炭素原子を骨格とした化合物を（1　　　　　）といい，有機化学は炭素化合物の化学であると定義されている。有機化合物は（2　　　　　）と比べて融点・沸点が低い，水に溶けにくいなど，いくつかの特徴的な違いがある。

(2)　有機化合物の構成元素は，おもに（3　　　　　）・（4　　　　　）・（5　　　　　）で，ほかには窒素，硫黄，リンなど限られているが，種類はきわめて多い。

2 有機化合物の分類

2　次の図は，炭化水素を分類したもので，化学式はそれぞれの例を示す。（　　）の中に適当な語句を下から選んでその記号を入れよ。

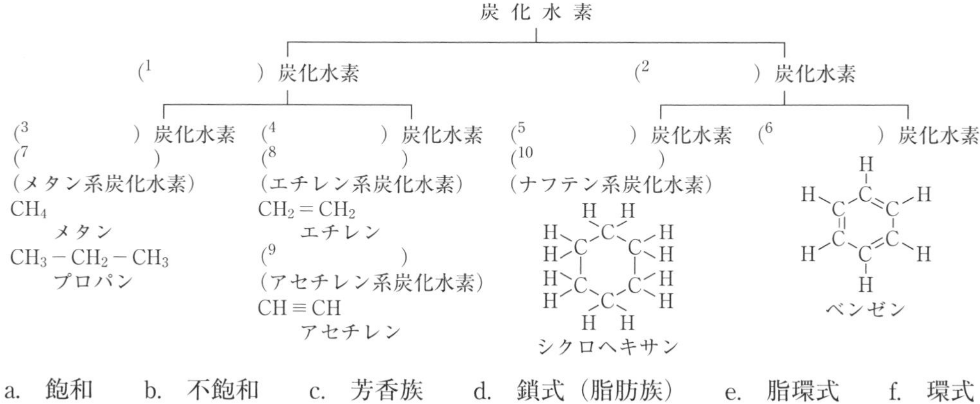

a.　飽和　　b.　不飽和　　c.　芳香族　　d.　鎖式（脂肪族）　　e.　脂環式　　f.　環式

g.　アルキン　　h.　アルケン　　i.　シクロアルカン　　j.　アルカン

3　次の文の（　　）に適当な語句を，〔　　〕には化学式を記入せよ。

メタンやエタンの水素原子 1 個を（1　　　　　）—OH で置き換えると，それぞれメタノール〔2　　　　　〕やエタノール〔3　　　　　〕になる。これらは（4　　　　　）に分類され，共通の性質を示す。有機化合物に特有の性質をもたらす原子または原子団を（5　　　　　）という。

3 有機化合物の命名法

4 次の文の（　　）に適当な語句を下から選んでその記号を入れよ。

化合物の命名法は2種類あり，一つはさまざまな経緯で名付けられた（1　　）である。（2　　）の名前や化合物の形，単離されたもとの（3　　）に由来するものなどがある。

もう一つは国際純正・応用化学連合が推奨している（4　　）である。化合物の（5　　）から（6　　）的な名称が付けられている。

a. IUPAC命名法　b. 慣用名　c. 系統　d. 構造　e. 天然物　f. 発見者

2 脂肪族炭化水素　工業化学2　p. 11～34

1 アルカン

5 次の文の（　　）に適当な語句を，〔　　〕には式を記入せよ。

アルカンは（1　　　）系炭化水素または（2　　　）ともいい，分子中の炭素原子を n とすると一般式は〔3　　　〕で示される。分子式が CH_2 ずつ異なる一連の化合物群を（4　　　），その中のおのおのを（5　　　）という。

6 次のアルカンの名称を書け。

CH_4 …（1　　　）　C_2H_6 …（2　　　）

C_3H_8 …（3　　　）　C_8H_{18} …（4　　　）

➔ 炭素数10までの名称を覚えておこう。

7 次のアルキル基の名称を書け。

$-CH_3$ …（1　　　）　$-CH_3CH_2$ …（2　　　）

$-CH_3CH_2CH_2$ …（3　　　）

➔ R−または $C_nH_{2n+1}-$

2 アルケン

8 次の文の（　　）に適当な語句を，〔　　〕には式を記入せよ。

アルケンは（1　　　）系炭化水素または（2　　　）ともいい，一般式は〔3　　　〕で示され，1分子中に（4　　　）結合を1個もつ。二重結合を2個もつ炭化水素を（5　　　）といい，一般式は〔6　　　〕で示される。

9 次の化合物の構造式を書け。

(1) エチレン　(2) プロペン（プロピレン）　(3) 1, 3-ブタジエン

答〔1　　　〕〔2　　　〕〔3　　　〕

➔ 分子式はそれぞれ
(1) C_2H_4（体系名はエテン）
(2) C_3H_6
(3) C_4H_6

3 アルキン

10 次の文の（　）に適当な語句を，〔　〕には式を記入せよ。

アルキンは（1　　　）系炭化水素ともいい，一般式は〔2　　　〕で示され，（3　　　）結合を1個もつ。二重結合や三重結合を（4　　　）結合という。

➔ 一般式はジエンと同じである。

4 シクロアルカン

11 次の文の（　）に適当な語句を，〔　〕には式を記入せよ。

炭素が単結合でつながった環状の炭化水素を（1　　　）といい，一般式は〔2　　　〕で示される。

➔ 一般式はアルケンと同じである。

12 次の化合物の構造式を書け。

(1) シクロブタン　(2) シクロペンタン　(3) シクロヘキサン

〔1　　　〕〔2　　　〕〔3　　　〕

5 異性体

13 次の文の（　）に適当な語句を記入せよ。

分子式が同じでも構造・性質が異なる物質を互いに（1　　　）であるという。異性体には（2　　　）異性体，（3　　　）異性体，（4　　　）異性体などがある。

14 ペンタン C_5H_{12} には3種類の構造異性体がある。その構造式と名称（体系名）を書け。

〔1　　　〕〔3　　　〕〔5　　　〕

（2　　　）（4　　　）（6　　　）

➔「国際純正および応用化学連合（IUPAC）」が定めた名称を体系名という。工業化学2 p. 222 付録①参照。

15　次の物質の体系名を答えよ。

(1) $CH_3-CH(CH_3)-CH_2-CH_3$　(2) $CH_2=CH-CH_2-CH_3$　(3) $CH_3-C(CH_3)=CH_2$

(1　　　　)　(2　　　　)　(3　　　　)

(4) $CH_3-C(CH_3)_2-CH_3$　(5) $CH_3-CH(CH_3)-CH(CH_3)-CH_3$　(6) $CH_3-CH(CH_2CH_3)-CH_2-CH(CH_3)-CH_3$

(4　　　　)　(5　　　　)　(6　　　　)

➔ 工業化学 2 付録①（p. 223〜225）参照。

➔ 側鎖の基の位置番号は小さくなるように付ける。二重結合の位置番号も同じように付ける。

➔ (6) は最も長い炭素鎖を主鎖として命名する。

16　二重結合で結び付いた炭素どうしは，二重結合を軸にして回転できない。このため，2-ブテン $CH_3-CH=CH-CH_3$ には，次のような 2 種類の異性体が存在する。

(1)　それぞれの名称を書け。

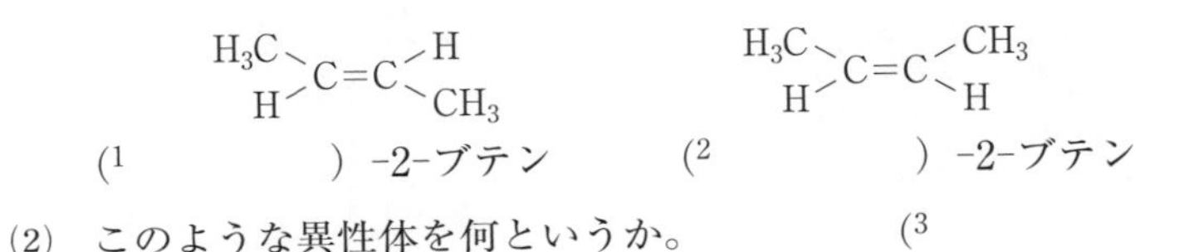

(2)　このような異性体を何というか。　(3　　　　)

➔ シスは「こちら側」，トランスは「向こう側」の意味。

6　脂肪族炭化水素の反応

17　メタンと塩素の置換反応で得られる 4 種の塩素化合物の分子式と名称（上段に体系名，下段に慣用名）を書け。

分子式	CH_3Cl	(1　　)	(2　　)	(3　　)
名　称	(4　　) (7　　)	(5　　) 塩化メチレン	(6　　) クロロホルム	テトラクロロメタン (8　　)

➔ ギリシア語の数詞
1…モノ　2…ジ　3…トリ
4…テトラ　5…ペンタ

18　次の〔　　〕の中に示性式を入れて化学反応式を完成せよ。また，（　　）内には，その上の物質の名称を書き入れよ。

(1)　$CH_2=CH_2+Br_2\longrightarrow$〔1　　　　　〕
　　(2　　　)　(3　　　　　)

(2)　$CH_2=CH-CH_3+$〔4　　　〕$\longrightarrow CH_3-CH(Br)-CH_3$
　　(5　　　)　(6　　　　　)

(3)　$CH\equiv CH+H_2\longrightarrow$〔7　　　　〕

(4)　$CH\equiv CH+HCl\longrightarrow$〔8　　　　〕
　　(9　　　　)

➔ H_2 がさらに付加するとエタン CH_3-CH_3 になる。$CH_2=CH-$ はビニル基。

(5)　$CH\equiv CH+$〔10　　　〕$\longrightarrow$〔11　　　　〕
　　アクリロニトリル

(6)　$CH\equiv CH+$〔12　　　〕$\longrightarrow$〔13　　　　〕
　　アセトアルデヒド

7 脂肪族炭化水素の誘導体

19 次の1～10の官能基の名称を書け。また，a～kに誘導体の分類をA群より，ア～サに化合物の例をB群より選び，さらにその化学式を〔　〕の中に書き入れよ。

官能基		誘導体の分類	化合物の例とその化学式	
(1　　)	$-X$	(a　　)	(ア　　)	〔11　　〕
(2　　)	$-OH$	(b　　) (c　　)	(イ　　) (ウ　　)	〔12　　〕 〔13　　〕
(3　　)	$-O-$	(d　　)	(エ　　)	〔14　　〕
(4　　)	$-CHO$	(e　　)	(オ　　)	〔15　　〕
(5　　)	$=CO$	(f　　)	(カ　　)	〔16　　〕
(6　　)	$-COOH$	(g　　)	(キ　　)	〔17　　〕
(7　　)	$-COO-$	(h　　)	(ク　　)	〔18　　〕
(8　　)	$-SO_3H$	(i　　)	(ケ　　)	〔19　　〕
(9　　)	$-NO_2$	(j　　)	(コ　　)	〔20　　〕
(10　　)	$-NH_2$	(k　　)	(サ　　)	〔21　　〕

A群	アミン，アルコール，アルデヒド，エーテル，エステル，カルボン酸，ケトン，スルホン酸，ニトロ化合物，ハロゲン化物，フェノール類
B群	アセトアルデヒド，アセトン，アニリン，エタノール，クロロメタン，酢酸，酢酸エチル，ジエチルエーテル，ニトロベンゼン，フェノール，ベンゼンスルホン酸

20 次の文のうち，メタノールに関するものはM，エタノールに関するものはE，両方にあてはまるものはMEと答えよ。

➔ メタノール Methanol
エタノール Ethanol

(1) 可燃性の無色の液体である。 (1　　)
(2) 飲料として用いられ，香料・医薬品の原料になる。 (2　　)
(3) ホルマリンの原料になる。 (3　　)
(4) 燃料や溶剤として用いられる。 (4　　)
(5) ナトリウムを加えると水素を発生する。 (5　　)
(6) 水とよく溶け合い，有毒である。 (6　　)
(7) ヨウ素と水酸化ナトリウム溶液を加えて温めると，特異なにおいをもつヨードホルムができる。 (7　　)

➔ ヨードホルム CHI_3
ヨードホルム反応という。

(8) 触媒の存在で，エチレンに水を付加して得られる。 (8　　)
(9) 水素と一酸化炭素を，触媒を用いて高温・高圧で反応させると得られる。 (9　　)

21　次の文の（　　）の中に適当な語句を入れよ。

(1)　アルコール分子のヒドロキシ基は水になじみやすい性質の基で（1　　　　）基，アルキル基は水になじみにくい性質の基で（2　　　　）基とよばれる。

(2)　アルコールは，-OH 基をもつが（3　　　　）性である。

(3)　1 価アルコールを酸化すると，第一級アルコールは（4　　　　）になり，さらに酸化すると（5　　　　）になる。第二級アルコールは酸化すると（6　　　　）になる。第三級アルコールは酸化され（7　　　　）い。

22　エタノールについて，次の化学反応式を完成せよ。

➔ ナトリウムエトキシドが生成する。

(1)　ナトリウムを加えると，水素を発生する。

答　$2C_2H_5OH + 2Na \longrightarrow$（1　　　　　　　　）

(2)　濃硫酸を加えて 130～140 ℃ に熱すると，ジエチルエーテルができる。

答　$2C_2H_5OH \longrightarrow$（2　　　　　　　　）

(3)　濃硫酸を加えて 160 ℃ 以上に熱すると，エチレンが生じる。

答　$C_2H_5OH \longrightarrow$（3　　　　　　　　）

23　次の化学式で示されるアルコールの置換名，基官能名，および第一級アルコール・第二級アルコール・第三級アルコールの分類を，それぞれ A，B，C の（　　）の中に答えよ。

➔ 工業化学 2 付録①（p. 225～226）参照。
［例］CH_3OH
メタノール（置換名）
メチルアルコール（基官能名）

➔ $CH_3-C(CH_3)_2-$　*t*-ブチル基
t-は tertiary（第三級）
$CH_3CH_2CH(CH_3)-$　*s*-ブチル基
s-は secondary（第二級）

(1)　CH_3CH_2OH

A（1　　　　）
B（2　　　　）
C（3　　　　）

(2)　$CH_3CH(OH)CH_3$

A（4　　　　）
B（5　　　　）
C（6　　　　）

(3)　$CH_3-C(CH_3)(OH)-CH_3$

A（7　　　　）
B（8　　　　）
C（9　　　　）

(4)　$CH_3CH_2CH_2OH$

A（10　　　　）
B（11　　　　）
C（12　　　　）

24 次の文の（　　）の中に適当な語句を入れよ。

(1) プロパノール C_3H_7OH には（1　　　）種類の構造異性体があり，ブタノール C_4H_9OH には（2　　　）種類の構造異性体がある。

(2) エチレングリコールは粘性の（3　　　）い液体で，自動車の（4　　　）液として用いられる。

(3) グリセリンに濃硝酸と濃硫酸を作用させるとダイナマイトの原料である（5　　　　　）が得られる。

➔ 1-ブタノール，2-ブタノール，2-メチル-1-プロパノール，2-メチル-2-プロパノールの構造式を考えてみる。

➔ エステル化 CH_2ONO_2 | $CHONO_2$ | CH_2ONO_2

25 エチレングリコールは，工業的には，次のようにしてつくられる。〔　　〕の中に示性式を書け。

エチレン $\xrightarrow{+\frac{1}{2}O_2}$ エチレンオキシド $\xrightarrow{+H_2O}$ エチレングリコール

$CH_2=CH_2$　〔1　　　　〕　〔2　　　　〕

➔ エチレングリコールの体系名は，1, 2-エタンジオール

26 ジエチルエーテルに関する下線部の記載について，正しければ○，誤っていれば×を付けて，正しい表現になおせ。

(1) 無色の揮発しやすい[1]液体で，非常に引火しやすい[2]。　（1　　　）（2　　　）

(2) 水より重く[3]，水によく溶ける[4]。　（3　　　）（4　　　）

(3) 蒸気は麻酔作用がある[5]。　（5　　　）

(4) ナトリウムと反応する[6]。　（6　　　）

(5) 1-ブタノール[7]の異性体である。　（7　　　）

➔ ジエチルエーテルの分子模型図

27 次の物質の構造式を書け。

(1) ホルムアルデヒド　〔1　　　　〕

(2) アセトアルデヒド　〔2　　　　〕

(3) アセトン　〔3　　　　〕

➔ 体系名は
(1) メタナール
(2) エタナール
(3) 置換名　プロパノン
基官能名　ジメチルケトン

28 次の文のうち，アセトアルデヒドに関するものはA，ホルムアルデヒドに関するものはF，アセトンに関するものはKと答えよ。ただし，共通している場合には，それぞれの記号を書け。

(1) 刺激臭のある無色の気体である。 (1　　　)
(2) 工業的にはプロピレンを酸化して製造される。 (2　　　)
(3) 工業的にはエチレンを酸化して製造される。 (3　　　)
(4) カルボニル化合物である。 (4　　　)
(5) 硝酸銀のアンモニア性溶液を加えて加熱すると銀鏡を生じる。 (5　　　)
(6) フェーリング液を加えて加熱すると酸化銅(Ⅰ)の赤色沈殿を生じる。 (6　　　)
(7) 無色の液体で，水・アルコールなどとよく溶ける。 (7　　　)
(8) 還元作用がない。 (8　　　)
(9) 水溶液をホルマリンといい，消毒・殺菌・防腐剤として用いられる。 (9　　　)

29 次の化学反応式を完成せよ。また，a～cに反応名を下から選んで答えよ。

(1) $CH_3COOH + C_2H_5OH \xrightarrow[(a\quad)]{}$ (1　　　)

(2) $CH_3COOC_2H_5 + NaOH \xrightarrow[(b\quad)]{}$ (2　　　)

(3) $CH_3COOC_2H_5 + H_2O \xrightarrow[(c\quad)]{}$ (3　　　)

酸化，中和，加水分解，けん化，エステル化，アセチル化

30 次の化合物の構造式を書け。

(1) 酢酸 [1　　　]
(2) 酢酸エチル [2　　　]
(3) 無水酢酸 [3　　　]

➔ 酢酸の体系名はエタン酸。

➔ 無水酢酸 $(CH_3CO)_2O$ は，アセチル化（アセチル基 CH_3CO- を導入する反応）の試薬として用いられる。

31 乳酸には，4種類の異なる原子や基が結合している炭素原子がある。

(1) このような炭素原子を何というか。 (1　　　)
(2) 乳酸には，立体的に重ね合わすことのできない一組の異性体が存在する。このような異性体を何というか。 (2　　　)
(3) 乳酸の二つの異性体をあげよ。 (3　　　,　　　)

➔
```
        H
        |
CH3－C*－COOH
        |
        OH
```

3 芳香族炭化水素　工業化学 2　p. 35〜46

1 芳香族炭化水素の基礎

32 次の文の（　　）に適当な語句を，〔　　〕には化学式を記入せよ。

(1) ベンゼンは無色の液体で，化学式は〔1　　　　〕で示される。四塩化炭素，エタノール，ジエチルエーテルなどの（2　　　　）によく溶ける。

(2) キシレンは〔3　　　　〕で示され，（4　　　　）置換体，（5　　　　）置換体，（6　　　　）置換体の 3 種類の異性体がある。

(3) トルエンは工業的には（7　　　　）を原料としたコールタールの（8　　　　）によって得ていたが，現在は（9　　　　）からつくられている。化学式は〔10　　　　〕で示す。

(4) ベンゼン分子中の炭素原子の骨組みを（11　　　　）といい，このような環状の構造をもつ炭化水素を（12　　　　）炭化水素という。また，2 個以上のベンゼン環が炭素原子 2 個を共有してつながった炭化水素を（13　　　　）炭化水素という。

33 次の化合物の構造式を書け。

(1) ベンゼン　(2) トルエン　(3) o−キシレン　(4) *m*−キシレン　(5) *p*−キシレン　(6) ナフタレン

〔1　　〕〔2　　〕〔3　　〕〔4　　〕〔5　　〕〔6　　〕

34 次の化合物の名称を書け。また，C 原子の数と H 原子の数を答えよ。

(1) CH_3　(2) CH_3 CH_3　(3)

（1　　　　）
C…（2　　）, H…（3　　）

（4　　　　）
C…（5　　）, H…（6　　）

（7　　　　）
C…（8　　）, H…（9　　）

(4)　(5) O C O C O　(6) O C C O

（10　　　　）
C…（11　　）, H…（12　　）

（13　　　　）
C…（14　　）, H…（15　　）

（16　　　　）
C…（17　　）, H…（18　　）

35　次の文の（　　）に適当な語句を入れ，化学反応式を完成せよ。

(1)　鉄粉を触媒とし，ベンゼンに塩素を作用させるとクロロベンゼンが得られる。この置換反応を（1　　　　）化という。

（ベンゼン）＋ Cl_2 ⟶ [2　　　　]

(2)　ベンゼンに，無水塩化アルミニウムを触媒とし，ハロゲン化アルキルやアルケンを作用させると，ベンゼンの水素原子をほかの基に置換することができる。

これらの反応を（3　　　　）反応という。

（ベンゼン）＋ CH_3Cl ⟶ [4　　　　]　　（ベンゼン）＋ $CH_2{=}CH_2$ ⟶ [5　　　　]

(3)　トルエン $C_6H_5CH_3$ を過マンガン酸カリウムで酸化すると，（6　　　　）C_6H_5COOH ができる。

➔ ベンゼン環は酸化剤の作用を受けにくく安定であるが，側鎖は酸化されやすい。

2　芳香族炭化水素の誘導体

36　次の（　　）の中に適当な語句を記入し，それぞれの問いに答えよ。

(1)　ベンゼン環に-OH 基が結合した化合物を（1　　　　）という。これらの化合物の水溶液に（2　　　　）を加えると，特有の呈色反応を示す。

(2)　フェノールは工業的に（3　　　　）によってベンゼンとプロピレンからつくられる。副生物として（4　　　　）が得られる。水溶液中では（5　　　　）イオンを生じ，弱い（6　　　　）を示す。

(3)　$C_6H_4(CH_3)OH$ で示される化合物には3種類の異性体がある。それぞれの構造式と名称を書け。

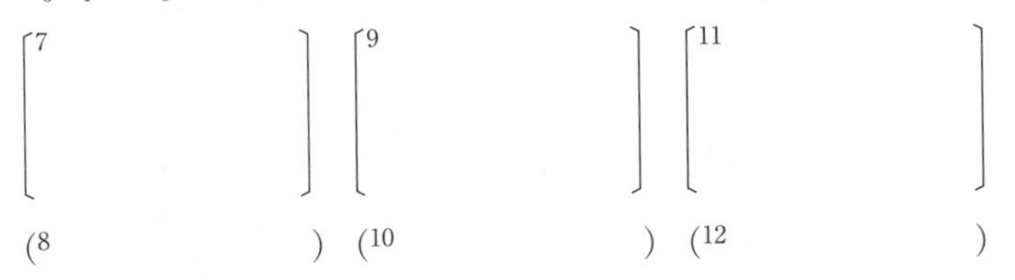

（8　　　　）（10　　　　）（12　　　　）

(4)　下記の構造式で示される物質は，（13　　　　）の水素原子1個をヒドロキシ基で置換した化合物で，2種類の異性体がある。もう一つの異性体の構造式を書き，それぞれの名称を答えよ。

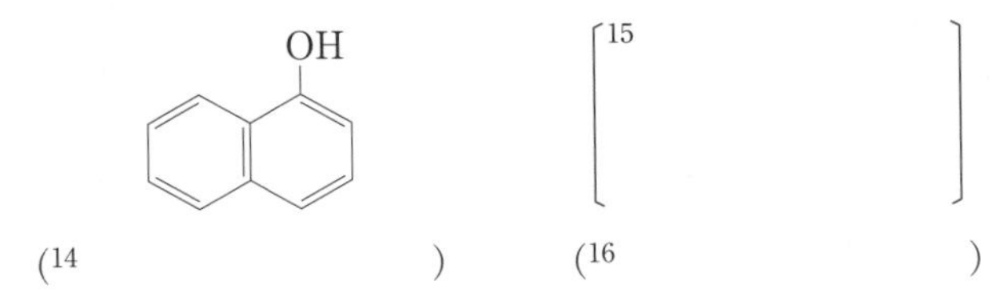

（14　　　　）　（16　　　　）

37 次の化合物の名称を書き，(1)〜(7)にあてはまるものを A，B，C で答えよ。

A（ベンゼン環に COOH）　B（ベンゼン環に OH と COOH がオルト位）　C（ベンゼン環に COOH が2つパラ位）

(1 　　　　) (2 　　　　) (3 　　　　)

(1) 塩化鉄(Ⅲ)水溶液を加えると呈色反応が起こる。 (4 　　)

(2) トルエンを酸化して得られる。 (5 　　)

(3) *p*-キシレンを酸化して得られる。 (6 　　)

(4) ナトリウムフェノキシド C_6H_5ONa に二酸化炭素 CO_2 を加圧下で反応させて得られる。 (7 　　)

(5) 合成繊維や合成樹脂の原料として重要である。 (8 　　)

(6) 食品の合成保存料として用いられる。 (9 　　)

(7) 無水酢酸を作用させると解熱鎮痛剤のアセチルサリチル酸（アスピリン）が得られる。 (10 　　)

➔ フタル酸（ベンゼン環に COOH が2つオルト位）

➔ アスピリンの主成分を調べてみよ。工業化学2 p.42参照。

38 サリチル酸から硫酸を触媒として次の反応で生成する化合物の名称と構造式を書け。

(1) サリチル酸にメタノール CH_3OH を作用させる。(エステル化)

答 名称 (1 　　　　)

構造式 [2 　　　　]

(2) サリチル酸に無水酢酸 $(CH_3CO)_2O$ を作用させる。(アセチル化)

答 名称 (3 　　　　)

構造式 [4 　　　　]

➔ サリチル酸（ベンゼン環に OH と COOH がオルト位）

➔ サリチル酸の-COOH にメタノールが作用し，エステルをつくる。

➔ サリチル酸の-OH の水素原子がアセチル基で置換される。

39 次の文について，ニトロベンゼンに関するものにはN，アニリンに関するものにはA，共通するものにはNA と答えよ。

(1) 特有のにおいをもつ淡黄色の液体である。 (1 　　)

(2) 有毒な液体である。 (2 　　)

(3) 水にわずかに溶け，希塩酸にはよく溶ける。 (3 　　)

(4) 水よりも重く，水に溶けない。 (4 　　)

(5) 高度さらし粉の水溶液を加えると赤紫色になる。 (5 　　)

(6) 濃硫酸と加熱するとスルファニル酸を生じる。 (6 　　)

➔ ニトロベンゼン
Nitrobenzene
アニリン
Aniline

40　次の反応について，1～4の（　　）の中に化合物の名称を，a，bの〔　　〕には化学式を記入せよ。また，ア～エには反応の名称を記入せよ。

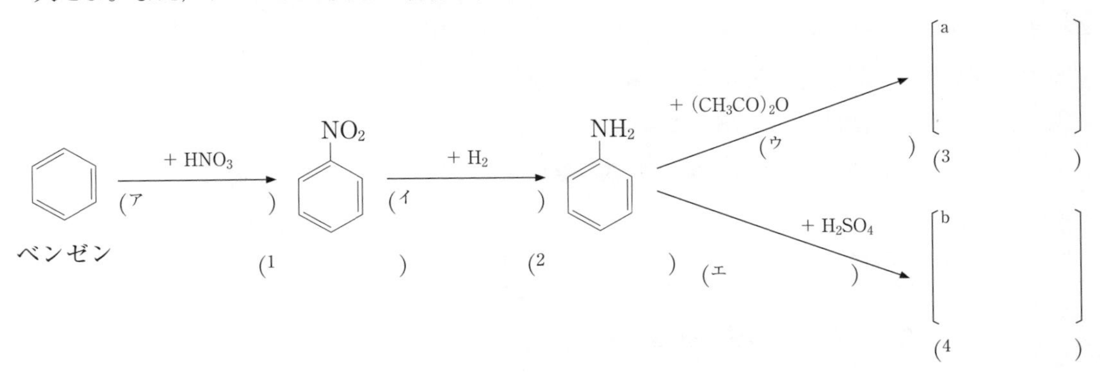

41　次の文の1と3の（　　）の中に適当な語句を入れ，2と4の［　　］には表中から選んで記号を入れよ。また，5～8の〔　　〕には構造式を書け。

(1)　ベンゼンの置換法則において，既存の置換基によって，導入される基の位置が支配される。オルト，パラの位置に向ける性質をもつ基を（1　　　　）という。たとえば，表中の［2　　　　］などの基がある。

メタの位置に向ける性質をもつ基を（3　　　　）という。たとえば，表中の［4　　　　］などの基がある。

(a)　$-NH_2$	(b)　$-SO_3H$	(c)　$-CHO$	(d)　$-NO_2$
(e)　$-CH_3$	(f)　$-OH$	(g)　$-CN$	(h)　$-C_6H_5$

(2)　次の化合物がニトロ基を1個導入するとき得られる化合物の構造式を書け。

CH_3（ベンゼン環）→〔5　　　　〕　　$COOH$（ベンゼン環）→〔6　　　　〕

SO_3H（ベンゼン環）→〔7　　　　〕　　Cl（ベンゼン環）→〔8　　　　〕

4 有機化合物の同定・定量・構造分析　工業化学2　p. 47～51

42 炭素・水素・酸素からなる有機化合物 3.10 mg を試料皿に入れ完全に燃焼させたら，H_2O 吸収管の質量は 2.70 mg，CO_2 吸収管の質量は 4.40 mg 増加した。一方，この化合物の分子量は 62 であることがわかっている。この化合物の実験式（組成式）と分子式を求めよ。

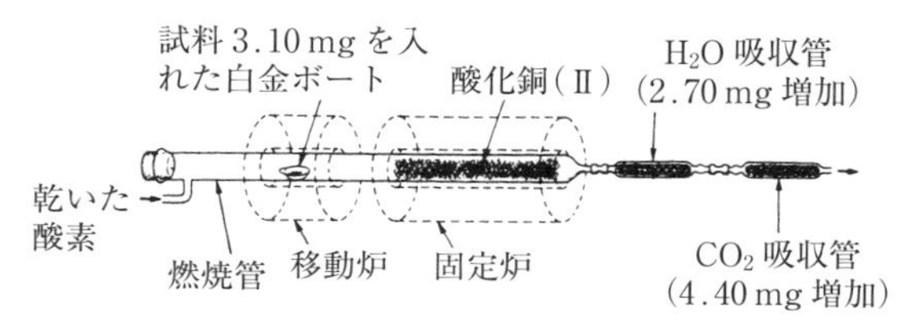

解　C の質量 $= 4.40 \times \dfrac{C}{CO_2} =$ (1　　　　)

H の質量 $= 2.70 \times \dfrac{2H}{H_2O} =$ (2　　　　)

O の質量 $= 3.10 -$ (3　　　) $-$ (4　　　) $=$ (5　　　) [mg]

よって，C：H：O $= \dfrac{(6\quad)}{12.0} : \dfrac{(7\quad)}{1.0} : \dfrac{(8\quad)}{16.0}$

$= 1 :$ (9　　　) : (10　　　)

したがって，実験式（組成式）は，(11　　　　　)

分子式は，(12　　　　　)。

➔ 実験式の質量を何倍すれば分子量になるか。

43 ベンゼン 35.0 g を溶媒とし，ある有機化合物 0.210 g を試料として溶かしたところ，ベンゼンの凝固点が 0.240 K 降下した。この有機化合物の分子量を求めよ。

ベンゼンのモル凝固点降下は 5.12 K・kg/mol とする。

ベックマン温度計
0.240 K 降下
かき混ぜ器
試料 0.210 g
試料投入口
かき混ぜ器
温度計
ベンゼン 35.0 g（溶媒）
氷と水
空気

解　$M = K\dfrac{w}{\Delta t}$ において，$K =$ (1　　　) [K・kg/mol]，

$w =$ (2　　　) $\times \dfrac{1000}{(3\quad)} =$ (4　　　) [g]，$\Delta t = 0.240$ K

➔ w：溶媒 1000 g に溶けている溶質の質量 [g]。

求める分子量 M は，$M =$ (5　　　) $\times \dfrac{(6\quad)}{0.240} =$ (7　　　)

44 次の文章の機器分析方法を答えよ。

➜ 工業化学2 p.50〜51参照。

(1) 試料がアルミナなどの固定相中を移動するとき，化合物の吸着力によって移動速度に差が生じる。このことを利用して分離・分析する方法。 (1)

(2) 磁場中に置かれた化合物に電磁波を照射すると，水素原子や炭素原子の結合の状態によって特有の周波数の電磁波が吸収されることを利用して，分子の構造を推定する方法。

(2)

(3) 化合物に赤外線を当てると，その化合物がもつ原子団に固有の振動数と同じ波長の赤外線が吸収されることを利用して，分子の構造を推定する法則。 (3)

(4) 試料を高いエネルギーでイオン化し，飛行しているイオン化された試料やその断片を磁場の中で分離・検出して，もとの試料の分子構造や分子量を推定する方法。 (4)

(5) X線が試料に照射されると，原子によって散乱される。この散乱したX線が，干渉のため，方向によってその強度が変化することを利用して，化合物の原子配列などを推定する方法。

(5)

第13章　石油・石炭の化学工業　工業化学2　p.53〜77

1　次に示す石油製品について，適当な用途を下から選び，(　　)にその記号を入れよ。

LPG…([1]　　　　)　ナフサ…([2]　　　　)　ガソリン…([3]　　　　)

灯油…([4]　　　　)　軽油…([5]　　　　)　重油…([6]　　　　)

潤滑油…([7]　　　　)　アスファルト…([8]　　　　)

a. エンジン油　b. 家庭用燃料　c. 家庭用暖房燃料　d. ジェット燃料

e. 自動車燃料　f. 石油化学工業原料　g. ディーゼル機関燃料

h. 電気絶縁材料　i. 道路舗装　j. ボイラー燃料　k. マシン油

2　次の図のように原油にさまざまな処理を加えて製造される石油製品の名称について，上から沸点の低い順に適当なものを下から選び，(　　)にその記号を入れよ。

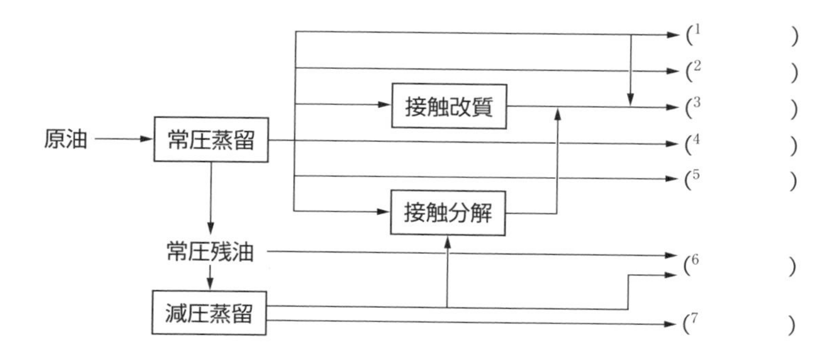

a. アスファルト　b. LPG　c. ガソリン　d. 軽油　e. ジェット燃料

f. 重油　g. 潤滑油　h. 灯油　i. ナフサ　j. パラフィンろう

3　石油精製について，次の(　)の中に適当な語を入れよ。

(1)　原油はまず([1]　　　　)によってLPG，ナフサ，灯油，軽油，常圧残油などに分けられる。高沸点物質の常圧残油は，([2]　　　　)によってさらに目的成分に分離される。

(2)　オクタン価の高いガソリンを多く製造するために化学的処理が行われる。炭化水素を異性化するための([3]　　　　)，炭化水素鎖を切断してガソリンに適した炭化水素をつくる([4]　　　　)，分枝パラフィンをつくるための([5]　　　　)などがある。

(3)　原油中の硫黄分を除去することを([6]　　　　)という。

➡ 硫黄分だけでなく窒素や酸素も除去することができる。

4 石油化学工業の原料となる物質について，次の（　）の中に適当な語を入れよ。

(1) ブタンやブテンなどのC4留分を（1　　　　）という。

→ ブタン，ブテンのほかにこれらの異性体およびブタジエンなど。

(2) エチレンやプロピレン，ブタン，ブテンなどはナフサの（2　　　　）によって得られる。

(3) ベンゼン，トルエン，キシレンをまとめて（3　　　　）という。これらは以前は石炭から得られていたが，現在はその大部分をナフサの（4　　　　）や（5　　　　）から得ている。

(4) キシレンには3種の異性体があり，需要の少ない *m*-キシレンは（6　　　　）して *p*-キシレンにする。

(5) 水素は，天然ガスやナフサを触媒存在下，高温で（7　　　　）と反応させて製造する。この方法を（8　　　　）という。

→ 化学工業では石油精製やアンモニア原料として利用されるほか，クリーンエネルギーとしても利用。

5 天然ガス・石炭の化学工業について，次の（　）の中に適当な語を入れよ。

(1) 天然ガスの主成分は（1　　　　）で，燃料や化学工業原料として重要である。

(2) COとH_2の混合ガスを（2　　　　）といい，このガスからメタノールを合成することができる。（3　　　　）といわれる炭素原子を1個もつ化合物から有機化合物を合成する化学技術の原料として重要である。

(3) 製鉄に使用されるコークスは石炭を（4　　　　）することによって得られる。このほかに，石炭ガス・ガス液・コールタールなどが得られる。

第14章　工業材料と機能性材料

工業化学2　p. 79〜129

1　高分子材料について，次の（　）の中に適当な語を入れよ。

(1)　重合前の基本の分子を（1　　　　　）といい，重合した化合物を（2　　　　　）という。

← それぞれ単量体，重合体ともいう。

(2)　不飽和結合をもつ分子が結合を開いて次々反応してポリマーになる反応を（3　　　　　）という。

(3)　2個以上の分子から水などの簡単な分子がとれて，新たな結合を生成する反応の繰り返しでポリマーになる反応を（4　　　　　）という。

(4)　環状化合物の環が切れて鎖状のポリマーになる反応を（5　　　　　）という。

(5)　樹脂の中で，加熱により軟らかくなる性質をもつものを（6　　　　　）樹脂といい，一度硬くなると加熱しても軟らかくならないものを（7　　　　　）樹脂という。

2　次に当てはまる化合物を選んで記号で答えよ。

(1)　付加重合で得られる化合物　（1　　　　　）

(2)　縮合重合で得られる化合物　（2　　　　　）

(3)　開環重合で得られる化合物　（3　　　　　）

(4)　付加縮合で得られる化合物　（4　　　　　）

a. ナイロン6　b. ナイロン66　c. 尿素樹脂　d. フェノール樹脂
e. ポリエチレン　f. ポリエチレンテレフタラート　g. ポリスチレン
h. ポリプロピレン　i. メラミン樹脂

3　次のモノマーの名称を書き，このモノマーが重合してできるポリマーの構造式と名称を書け。

モノマー	ポリマー
(1)　$CH_2=CHCl$ （1　　　　　）	[2　　　　　] （3　　　　　）
(2)　$CH_2=CHCN$ （4　　　　　）	[5　　　　　] （6　　　　　）

モノマー	ポリマー
(3)　$CH_2=C(CH_3)CH=CH_2$ (7　　　　　　　　)	[8　　　　　　　　] (9　　　　　　　　)
(4)　$CH_2=CH-CH=CH_2$ (10　　　　　　　　)	[11　　　　　　　　] (12　　　　　　　　)
(5)　$HOOC-(CH_2)_4-COOH$ (13　　　　　　　　) $H_2N-(CH_2)_6-NH_2$ (14　　　　　　　　)	[15　　　　　　　　] (16　　　　　　　　)

4　次の高分子化合物がもつ機能をa～eより選べ。

(1)　アクリル酸ナトリウム重合体　(1　　　　)

(2)　ポリアセチレン　(2　　　　)

(3)　ポリケイ皮酸ビニル　(3　　　　)

(4)　芳香族ポリアミド　(4　　　　)

(5)　ポリスルホン　(5　　　　)

(6)　ポリ乳酸　(6　　　　)

a. 高吸水性　b. 分離機能　c. 導電性　d. 生分解性　e. 感光性

5　セラミックスについて，次の（　）の中に適当な語を入れよ。

(1)　(1　　　　　)材料を高温で焼き固めた(2　　　　　)をセラミックスという。

(2)　セラミックスには，ガラスやセメントなどのように天然原料を焼き固めた従来のセラミックスと，高純度に精製した天然原料や人工原料を使用し，特別な機能をもたせた(3　　　　　)がある。

(3)　ガラスは(4　　　　　)を主原料に(5　　　　　)や(6　　　　　)を加え1400～1600℃に加熱・溶融して製造する。

(4)　セメントは(7　　　　　)，(8　　　　　)，(9　　　　　)に(10　　　　　)を加えたものを焼成して製造する。

➔ ポルトランドセメントという。

6 次に示したファインセラミックスのおもな性質を(ア)〜(ク)より選び（　）に，さらにその利用例をa.〜h.から選び［　］に記入せよ。

(1) SnO_2（　）［　］　(2) TiO_2（　）［　］　(3) SiO_2（　）［　］　(4) GaN（　）［　］

(5) $Y_3Al_5O_{12}$（　）［　］　(6) Y-Ba-Cu-O（　）［　］　(7) $Ca_{10}(PO_4)_6(OH)_2$（　）［　］

(8) Fe_2O_3（　）［　］

【性質】(ア) 生体適合性　(イ) 磁性　(ウ) 超伝導性　(エ) 透光性　(オ) 半導性　(カ) 発光性　(キ) 光触媒性　(ク) レーザー発振

【利用例】a. ガスセンサー　b. 磁気センサー　c. 磁石　d. 人工骨　e. 光触媒タイル　f. 光ファイバー　g. 発光ダイオード　h. レーザー用材料

7 金属材料について，次の（　）の中に適当な語を入れよ。

(1) 鉱石から（[1]　　　）反応によって金属を取り出す操作を（[2]　　　）という。還元剤を用いる場合には（[3]　　　）や（[4]　　　），目的の金属より親和力の大きい金属などを用いる。取り出された金属の純度を高くする操作を（[5]　　　）という。さらに処理を加えて目的に合った金属材料をつくる技術を総称して（[6]　　　）という。

(2) 鉄は，鉄鉱石から銑鉄をつくる（[7]　　　）と，銑鉄やくず鉄などから鋼をつくる（[8]　　　）に大別できる。高炉に鉄鉱石，（[9]　　　），（[10]　　　）を層状に入れ強熱すると，不純物が吸収され融解して銑鉄が炉底にたまり，副産物として上層部に（[11]　　　）ができる。銑鉄は（[12]　　　）や電気炉によってさらに不純物を取り除き加工性のよい鋼にする。

(3) 銅の精錬は，自溶炉による（[13]　　　），転炉と精製炉による（[14]　　　），純度を高める（[15]　　　）の三工程からなる自溶炉法で行うのが主流である。

(4) アルミニウムは原料鉱石である（[16]　　　）を水酸化ナトリウムで処理・焼成してできた酸化アルミニウムに（[17]　　　）を加え，（[18]　　　）電解によって得る。

(5) 鉄，銅，アルミニウムなどの金属を（[19]　　　），地球上に存在量が少なく，技術的に精錬の困難な金属を（[20]　　　）という。ランタノイドとSc，Yを合わせた17種類の元素をレアアース（希土類）といい，（[20]　　　）の一種である。

8 次に示す合金の一般的な名称を書け。

(1) Fe-Cr-Ni 合金（[1]　　　）　(2) Cu-Zn 合金（[2]　　　）

(3) Cu-Sn 合金（[3]　　　）　(4) Cu-Ni 合金（[4]　　　）

(5) Al-Cu-Mg 合金（[5]　　　）

9 次に示す機能性金属材料を何というか。

(1) 変形させても加熱や力を加えることで変形前の形に戻る性質をもった金属。（[1]　　　）

(2) とくに高い耐摩耗性や耐熱性をもった金属。（[2]　　　）

(3) 水素を原子の状態で金属原子間に保持できる金属。（[3]　　　）

第 15 章　生命と化学工業

工業化学 2　p. 133〜164

1　タンパク質について，次の（　）の中に適当な語を入れよ。

(1)　タンパク質を構成する（1　　　　　）は約 20 種類あるが，ロイシンやフェニルアラニンなどの（2　　　　　）は外部から摂取する必要がある。

(2)　タンパク質は，アミノ酸が（3　　　　　）結合によって鎖状に結合したものが複雑にからみあった立体構造をしている。熱や酸，塩基などによりこの立体構造がこわされることをタンパク質の（4　　　　　）という。

2　次に示す炭水化物について，(1)〜(8) の問いに a〜f の記号で答えよ。

a. ショ糖　　b. デンプン　　c. ブドウ糖　　d. 果糖

e. セルロース　　f. 麦芽糖

(1)　単糖類はどれか。　　（1　　　）

(2)　二糖類はどれか。　　（2　　　）

(3)　多糖類はどれか。　　（3　　　）

(4)　加水分解してブドウ糖のみを生じるものはどれか。　　（4　　　）

(5)　加水分解してブドウ糖と果糖を生じるものはどれか。（5　　　）

(6)　加水分解しないものはどれか。　　（6　　　）

(7)　ヨウ素溶液と反応して青紫色を示すものはどれか。　　（7　　　）

(8)　フェーリング液を還元するものはどれか。　　（8　　　）

➡ 炭水化物は糖類ともいう。
ショ糖（スクロース）
ブドウ糖（グルコース）
果糖（フルクトース）
麦芽糖（マルトース）

➡ セルロース（繊維素）も加水分解される。

➡ 麦芽糖には還元作用がある。

3　次の糖類の分子式を書け。

(1)　ブドウ糖　　(2)　ショ糖　　(3)　デンプン

（1　　　　　）　（2　　　　　）　（3　　　　　）

➡ 単糖類・二糖類・多糖類の分子式の関係に着目する。

4　油脂について，次の（　）の中に適当な語を入れよ。

(1)　油脂は，高級脂肪酸と（1　　　　　）の（2　　　　　）である。

(2)　常温で固体のものを（3　　　　　），液体のものを（4　　　　　）とよぶ。

(3)　油脂に水酸化ナトリウムを反応させると，（5　　　　　）と（6　　　　　）が得られ，この反応を（7　　　　　）といい，高級脂肪酸のアルカリ金属塩を（8　　　　　）という。

(4)　油脂 1 g をけん化するのに必要な（9　　　　　）の質量を（10　　　　　）単位で表した数値を（11　　　　　）といい，油脂を構成する脂肪酸の（12　　　　　）を判断する目安となる。

(5)　油脂 100 g に付加するヨウ素の質量を（13　　　　　）単位で表した数値を（14　　　　　）といい，油脂の（15　　　　　）の度合いを表す。

(6)　二重結合の多い不飽和脂肪酸の成分を多く含む油は，空気に触れると固化しやすいので（16　　　　　）という。

➡ 炭素数の多い脂肪酸が高級脂肪酸である。

5 次の（　）に示性式を記入し，化学反応式を完成させよ。

$$\begin{array}{l} C_{15}H_{31}COOCH_2 \\ \quad\quad\quad\quad | \\ C_{15}H_{31}COOCH + 3NaOH \longrightarrow 3\ (^{1}\quad\quad\quad\quad\quad\quad\quad\quad) + (^{2}\quad\quad\quad\quad\quad\quad) \\ \quad\quad\quad\quad | \\ C_{15}H_{31}COOCH_2 \end{array}$$

6 次に示す脂肪酸について，(1)〜(4)の問いに答えよ。

a. $C_{17}H_{35}COOH$　　b. $C_{17}H_{33}COOH$　　c. $C_{17}H_{31}COOH$

d. $C_{15}H_{31}COOH$

(1) a〜d の名称を答えよ。

(a　　　　　　　　　)　　(b　　　　　　　　　)

(c　　　　　　　　　)　　(d　　　　　　　　　)

➔ 工業化学 2 p. 142 表 15-3 参照。

(2) 飽和脂肪酸はどれか。　　　　　　　　(1　　　　)

(3) 不飽和脂肪酸はどれか。　　　　　　　(2　　　　)

(4) 炭素間二重結合を 2 個もつものはどれか。　(3　　　　)

➔ 飽和脂肪酸は $C_nH_{2n+1}COOH$

7 肥料，農薬について，次の（　）の中に適当な語を入れよ。

(1) 植物の成長にとくに重要な（1　　　　　），（2　　　　　），（3　　　　　）を肥料の三要素という。

(2) 化学肥料には，肥料の三要素を一成分含む（4　　　　　）と二成分以上含む（5　　　　　）に分けられる。複合肥料には単肥を混合した（6　　　　　）と二要素以上を一つの化合物に合成した（7　　　　　）がある。

(3) 農薬には，害虫を防除する（8　　　　　），農作物の病気の原因であるかびや細菌などを防除する（9　　　　　），雑草を防除する（10　　　　　）などがある。

8 バイオテクノロジーについて，次の（　）の中に適当な語を入れよ。

(1) 炭水化物などの有機物から（1　　　　　）によって有益な物質を得ることを発酵という。発酵にはエタノールを生成する（2　　　　　）発酵，酢酸，乳酸，クエン酸などを生成する（3　　　　　）発酵，グルタミン酸などを生成する（4　　　　　）発酵などがある。

(2) 微生物や動植物の組織や細胞を取り出して，人工的に養分などを与えて育てることを（5　　　　　）という。（5　　　　　）には，温度や pH の制御，（6　　　　　），（7　　　　　）の調整が重要である。

(3) ある生物の DNA を別の生物の細胞に組み込む技術を（8　　　　　）技術という。

(4) 二つの異なる細胞を人工的に融合させて，一つの新しい細胞にする技術を（9　　　　　）技術という。

(5) 酵素や微生物などの（10　　　　　）を用いて，有用物質の生産を行う反応装置を（11　　　　　）という。

第 16 章　生活と化学工業　工業化学 2　p. 167〜194

1　界面活性剤について，次の（　）の中に適当な語を入れよ。

(1)　水と油のような境界面に吸着し，（1　　　　　）を著しく低下させる作用を示す物質を界面活性剤という。

(2)　セッケンは，高級脂肪酸と水酸化ナトリウムの塩である。（2　　　　　）酸と（3　　　　　）塩基の中和によりできており，水溶液は（4　　　　　）性を示すので，動物性繊維の洗浄には適さない。

➔ 羊毛や絹など。タンパク質からできているので変性しやすい。p. 123 **1** (2)参照。

(3)　水と油の混合液にセッケン水を加えて振り混ぜると，安定な（5　　　　　）となる。（5　　　　　）では，油の小滴のまわりにセッケン分子の（6　　　　　）基を内側に，（7　　　　　）基を外側に向けて集まり，（8　　　　　）とよばれる安定な粒子となる。

2　a〜e の界面活性剤を (1)〜(3) に分類せよ。

(1)　アニオン界面活性剤　（1　　　　　）

(2)　カチオン界面活性剤　（2　　　　　）

(3)　非イオン性界面活性剤　（3　　　　　）

a. $RCOONa$　b. $RN(CH_3)_3Cl$　c. $ROSO_3Na$

d. $RO\text{-}(CH_2CH_2O)_n\text{-}H$　e. $RN(CH_3)_2CH_2C_6H_5Cl$

➔ R- はアルキル基。

3　色素材料について，次の（　）の中に適当な語を入れよ。

(1)　色素材料は，水などの溶媒に溶ける（1　　　　　）と，溶媒には溶けない（2　　　　　）に大別される。

(2)　色素は可視光線の中から特定の波長の光を（3　　　　　）し，その他の光を（4　　　　　）することで色を感じさせる物質である。このとき，（3　　　　　）される光と目に色を感じさせる光とは互いに（5　　　　　）の関係にある。

(3)　有機化合物の色素材料の構造は，呈色にかかわる（6　　　　　）と発色作用を強めたり染色性を与える（7　　　　　）をもつ。

4 次の（　）の中に適当な語を入れよ。

(1) 木材などから取り出した（1　　　　）繊維の集合体をパルプといい，製造方法により（2　　　　）パルプと（3　　　　）パルプとに分けられる。また，回収した古紙からつくる（4　　　　）パルプの利用も進んでいる。

(2) 機械パルプは木材を直接または加熱後すりつぶしてつくる。セルロース以外の成分を多く含む。強度が（5　　　　）が，（6　　　　）が高く印刷用紙に適する。

(3) 化学パルプは化学薬品により（7　　　　）などを除去してつくる。代表的なものに（8　　　　）パルプがある。不純物が少なく強度が（9　　　　）。

5 次の（　）の中に適当な語を入れよ。

(1) 金属のように電気伝導度の高い物質と非金属のように絶縁体との中間の電気伝導度をもつ物質を（1　　　　）という。

(2) 半導体のうち，不純物を含まないものを（2　　　　）半導体，これに微量の成分を加えたものを（3　　　　）半導体という。

(3) 不純物半導体には，負の電荷をもつ（4　　　　）が移動することで電気伝導性が増す（5　　　　）半導体と，正の電荷をもつ（6　　　　）が移動することで電気伝導性が増す（7　　　　）半導体がある。

(4) ガリウムヒ素，ガリウムヒ素リンなどのように複数元素からなる化合物にも半導体になるものがあり，（8　　　　）半導体という。

6 次の（　）の中に適当な語を入れよ。

(1) 発光ダイオードは（1　　　　）エネルギーを直接（2　　　　）エネルギーに変換できる半導体で，（3　　　　）半導体が材料として用いられている。

(2) 太陽電池は（4　　　　）エネルギーを直接（5　　　　）エネルギーに変換できる半導体である。太陽電池は水素化した（6　　　　）に少量のリンを加えた（7　　　　）半導体と少量のホウ素を加えた（8　　　　）半導体を pn 接合させている。接合部に光エネルギーを与えると，（9　　　　）半導体はプラスに，（10　　　　）半導体はマイナスに帯電して（11　　　　）を生じ，外部に電流を取り出すことができる。

(3) 光ファイバーに用いられるガラスは，とくに高い（12　　　　）が要求され，材料として（13　　　　）がよく用いられる。

第 17 章　物質の安全な取り扱い

工業化学 2　p. 197～211

1　次の（　）の中に適当な語を入れよ。

(1)　有害物質は，口や鼻，皮膚を経て体内に侵入し健康障害を起こすことがある。これを（1　　　　）という。比較的短期間に症状が現れる（2　　　　），長期間にわたって侵入した結果，症状が現れる（3　　　　）がある。

(2)　濃厚な酸や塩基の溶液の接触によって起こる火傷のような症状を（4　　　　）という。

➜ それぞれ経口吸収，吸入吸収，経皮吸収という。

2　次の物質に水を作用させたときに起こる現象を a～c より選べ。

(1)　CaC_2（　　）　(2)　Ca_3P_2（　　）　(3)　CaO（　　）

(4)　Na（　　）　(5)　Na_2O_2（　　）　(6)　濃 H_2SO_4（　　）

a. 激しい発熱　b. 可燃性気体発生　c. 有毒ガス発生

➜ 実験・実習を振り返ってみよう。
(1) アセチレンを発生
(2) ホスゲンを発生
(4) 水素を発生
(5) 酸素を発生

3　次の（　）の中に適当な語を入れよ。

(1)　（1　　　　）と（2　　　　）をともなう（3　　　　）反応を燃焼という。燃焼には（4　　　　），（5　　　　），（6　　　　）の三つが同時に存在することが必要であり，これを燃焼の三要素という。これらの要素の一つ以上を取り除くことが（7　　　　）につながる。

(2)　可燃性液体の蒸気に着火源を近付けたときに燃焼する現象を（8　　　　）といい，（8　　　　）するために必要な蒸気が発生する最低の（9　　　　）を（10　　　　）という。また，直接の着火源がなくても燃焼する現象を（11　　　　）といい，このときの温度を（12　　　　）という。

4　次の 4 つの消火方法の具体的な例をあげよ。

(1)　除去消火　（　　　　　　　　　　　　）

(2)　窒息消火　（　　　　　　　　　　　　）

(3)　冷却消火　（　　　　　　　　　　　　）

(4)　抑制消火　（　　　　　　　　　　　　）

➜ 工業化学 2 p. 207 を参考に考えてみよう。

［（工業 716・717）工業化学 1・2］準拠

工業化学 1・2演習ノート

表紙デザイン
キトミズデザイン

● 編　者——実教出版編修部

● 発行者——小田良次

● 印刷所——大日本法令印刷株式会社

● 発行所—実教出版株式会社

〒102-8377 東京都千代田区五番町 5
電 話〈営業〉(03) 3238-7777
〈編修〉(03) 3238-7854
〈総務〉(03) 3238-7700
https://www.jikkyo.co.jp/

002302022　　ISBN 978-4-407-36080-6

工業化学１・２演習ノート

解答編

実教出版

第１章　物質と化学

1 物質　p. 4

1　**1**　金づち　**2**　1円硬貨　**3**　ろうそく
4　鉄　**5**　木（**4**，**5** は順不同）
6　アルミニウム　**7**　パラフィン

2　**1**　窒素，エタノール，アルミニウム
2　海岸の砂，海水，酒，粉末洗剤
3　海水，酒
4　海岸の砂，粉末洗剤

3　**1**　融点　**2**　沸点（**1**，**2** は順不同）

4　**1**　蒸発　**2**　沪過　**3**　蒸留

5　**1** は液体とその中に溶けている固体とを分離する。**2** は液体と固体の微粒子とを分離する。**3** は液体どうしを沸点の差によって分離する（**1** と同じ場合にも使われる）。

2 元素と原子・分子・イオン　p. 5

6　**1**　化合　**2**　分解

7　**1**～**4** に４種類の元素名と元素記号が書ければよい。（例）炭素 C，窒素 N，酸素 O，ナトリウム Na，硫黄 S，塩素 Cl，カルシウム Ca，鉄 Fe，銅 Cu，銀 Ag など。

8　**1**　アルミニウム，硫黄，水素，銅
2　硫酸，エタノール，水，氷

9　**1**　元素　**2**　単体

10　①(ウ)　②(イ)　③(オ)　④(カ)　⑤(ア)

3 原子の構造と電子配置　p. 6～8

11　**1**　atom　**2**　正　**3**　原子核　**4**　負
5　電子　**6**　陽子　**7**　中性子
8　陽子　**9**　陽子　**10**　中性子
11　electron　**12**　小さ
13　原子核（**9**，**10** は順不同）

12　**1**　27　**2**　13

13　**1**　11　**2**　23　**3**　15　**4**　16
5　27　**6**　59　**7**　33　**8**　42

14　**1**　7　**2**　7　**3**　14　**4**　7　**5**　8
6　15　**7**　12　**8**　12　**9**　24
10　12　**11**　13　**12**　25　**13**　12
14　14　**15**　26　**16**　質量数
17　同位　**18**　同位　**19**　化学
20　分離

15　**1**　K　**2**　2　**3**　L　**4**　8　**5**　M
6　18　**7**　外　**8**　7　**9**　イオン
10　結合

16　**1**

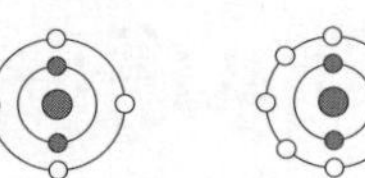

2

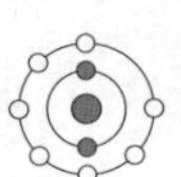

3

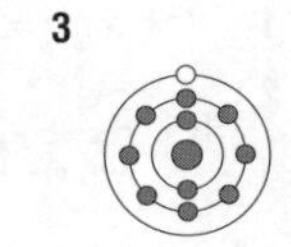

4

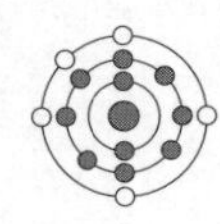

5

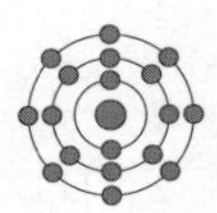

17　**1**　He　**2**　2　**3**　ネオン　**4**　Ne
5　2　**6**　8　**7**　アルゴン　**8**　Ar
9　18　**10**　2　**11**　8　**12**　8
13　Kr　**14**　2　**15**　8　**16**　18
17　8　**18**　キセノン

18　**1**　Kr　**2**　Ar　**3**　Ne　**4**　Ne
5　Ar

19　**1**　He　**2**　Be　**3**　B　**4**　C　**5**　N
6　O　**7**　F　**8**　Ne　**9**　Mg
10　Al　**11**　Si　**12**　P　**13**　S
14　Cl

20　**1**　周期表　**2**　周期　**3**　族
4　同族元素　**5**　アルカリ金属
6　ハロゲン　**7**　貴ガス

4 物質を表す式　p. 8～9

21　**1**　H—N—H（N の下に —H）　**2**　H—Cl

3

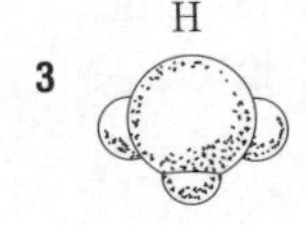

4

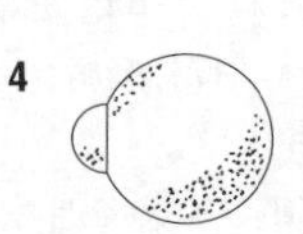

5

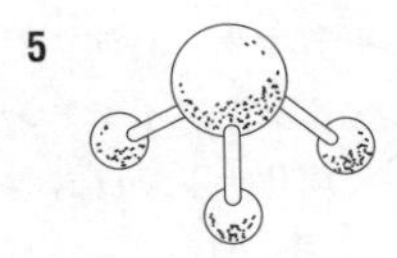

6

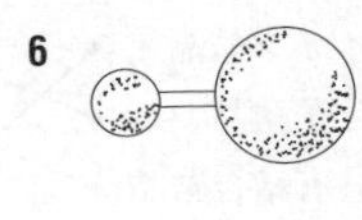

22　**1**　3　**2**　4　**3**　1　**4**　3　**5**　2

23　**1**　ion　**2**　cation　**3**　anion

24　**1**　NH_4^+　**2**　硫酸イオン
3　マグネシウムイオン　**4**　OH^-
5　Ca^{2+}　**6**　炭酸イオン
7　アルミニウムイオン　**8**　リン酸イオン

25　**1**　塩化ナトリウム　**2**　分子　**3**　分子
4　組成

26 **1** Na_2CO_3 **2** NH_4NO_3 **3** $CaSO_4$
4 $AlCl_3$ **5** $Ca(NO_3)_2$ **6** KOH

27 **1** 水酸化カルシウム **2** 塩化アンモニウム
3 炭酸カルシウム **4** 硫酸マグネシウム
5 硝酸ナトリウム **6** 炭酸カリウム

5 化学結合 p. 10〜13

28 **1** イオン

2 K・ + ・F: → K^+ + :F:$^-$ → K^+F^- (KF)

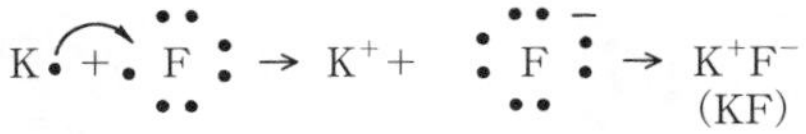

カリウム原子 フッ素原子 カリウムイオン フッ化物イオン フッ化カリウム

29 **1** 共有

30 **1** H:O:H（電子式） **2** :O::O: **3** H:C:H（上下にH）

4 H−N−H（下にH） **5** O=O **6** N≡N

31 **1** 単 **2** 二重 **3** 三重

32 **1** 結合角 **2** 105° **3** 結合距離
4 0.1 nm

33 **1** 2.3 **2** 0.0 **3** 0.5

34 **1** F **2** O **3** N **4** H **5** Na

35 **1** NaF, $CaCl_2$

36 (1) H:N:H（下にH） (2) H:O:（下にH）

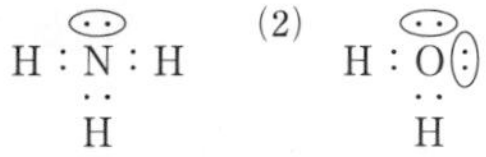

37 **1** 水素イオン **2** アンモニウム
3 窒素 **4** 非共有電子対
5 水素イオン **6** 共有 **7** 配位
8 電気陰性度 **9** 極性 **10** 水素
11 ファンデルワールス **12** 分子
13 軟らか **14** 融解 **15** 自由
16 陽 **17** 金属 **18** 電気
19 自由

38 NH_3 と H_2O を○で囲む。

39 イオン結晶 ― 塩化ナトリウム
分子結晶 ― ヨウ素，パラフィン
共有結合結晶 ― 水晶，ダイヤモンド

40 **1** 融点 **2** 軟らか **3** 融点
(2) ガラスとプラスチックを○で囲む。

41 **1** a^3 **2** πa^3 **3** $0.524a^3$ **4** 52.4

第2章 物質の変化と量

1 物質の変化 p. 14

1 **1** gas **2** 液体 **3** liquid **4** 固体
5 solid

2 **1** 状態 **2** 三態 **3** 物理 **4** 化学
(**1**, **2** は順不同)

3 **1** B **2** C **3** A **4** C

2 化学反応式 p. 15〜16

4 **1** CH_4 **2** O_2 **3** CO_2 **4** H_2O
(**1**, **2** および **3**, **4** は順不同)

5 **1** 3 **2** 3 **3** 9 **4** $\frac{9}{2}$ **5** 2
6 2 **7** 9 **8** 6 **9** 6 **10** 1
11 1 **12** 3 **13** 1
14 $HCHO + O_2 \longrightarrow CO_2 + H_2O$
15 $2H_2O \longrightarrow 2H_2 + O_2$
16 3 **17** 6 **18** 2 **19** 2 **20** 2

3 化学式と物質の量 p. 16〜21

6 **1** 12 **2** 炭素

7 **1** 1.0 **2** 12.0 **3** 14.0 **4** 16.0
5 23.0 **6** 32.1 **7** 35.5 **8** 39.1
9 40.1

8 **1** 質量数 **2** 炭素 **3** u

9 **1** 6.0151 **2** 0.075 **3** 7.0160
4 0.925 **5** 6.941 **6** 62.9296
7 0.6917 **8** 64.9278 **9** 0.3083
10 63.546

10 **1** 1.0 **2** 16.0 **3** 34.0 **4** 30.0
5 34.1 **6** 64.1 **7** 76.2 **8** 154.0

11 **1** 40.1 **2** 35.5 **3** 111.1 **4** 56.1
5 106.0 **6** 53.5 **7** 85.0 **8** 132.1

12 **1** 原子 **2** mol **3** 分子 **4** mol
5 質量 **6** kg **7** 物質量

13 **1** 6.02×10^{23} **2** 6.02×10^{23}
3 7.76×10^{11} **4** 7.76×10^{5}

14 **1** 12.0 g **2** 55.8 g **3** 27.0 g
4 17.0 g **5** 16.0 g **6** 30.0 g
7 63.0 g **8** 136.2 g **9** 96.1 g
10 24.3 g

15 **1** a

16 **1** 10 **2** 10 **3** 10 **4** 774

17 **1** 71.0 **2** 71.0 **3** 2.31 **4** 2.31
5 51.7 **6** 26.0 **7** 26.0 **8** 3.50
9 22.4 **10** 3.50 **11** 78.4

18 **1** 44.0 **2** 44.0 **3** 44.0 **4** 19.6

19 **1** 3 **2** 2 **3** 2 **4** 3 **5** 300

20 **1** 25.0 **2** 24.9

21 **1** 2 **2** 4 **3** 2 **4** 4 **5** 32.0
6 22.4 **7** 64.0 **8** 67.2 **9** 67.2

10 64.0 **11** 105 **12** 20.9 **13** 502

22 **1** 塩化マグネシウム **2** 24.3 **3** 22.4 **4** 24.3 **5** 22.4 **6** 22.4 **7** 24.3 **8** 0.922

23 **1** 231.8 **2** 107.9 **3** 22.4 **4** 463.6 **5** 22.4 **6** 463.6 **7** 22.4 **8** 20.7 **9** 431.6 **10** 22.4 **11** 431.6 **12** 22.4 **13** 19.3

4 水と空気 p. 22〜24

24 **1** 水素 **2** 2 **3** Na **4** 2 **5** 2 **6** 3 **7** Fe **8** 4 **9** 4 **10** 一酸化炭素 **11** 水素（**10**, **11** は順不同） **12** 水性 **13** CO **14** H_2 **15** 水酸化カルシウム **16** CaO **17** $Ca(OH)_2$ **18** 硫酸 **19** SO_3 **20** H_2SO_4

25 **1** 融点 **2** 0 **3** 沸点 **4** 100 **5** 融解 **6** 蒸発（気化） **7** 1 **8** 1.00 **9** 小さ

26 **1** ＋ **2** − **3** 極性 **4** − **5** ＋ **6** ＋

27 **1** ×, B **2** 水素 **3** 酸素（**2**, **3** は順不同） **4** ◯ **5** 水素 **6** ×, 高く **7** ◯

28 **1** 100 ℃ **2** 33 ℃ **3** 水, B, A **4** 45 kPa **5** A

29 **1** 90 ℃

30 **1** 圧力が高くなると沸点が高くなる。高温で煮炊きできる。

31 **1** 酸素 **2** 20.9 **3** 窒素 **4** 78.1

32 **1** ヘリウム He **2** ネオン Ne **3** アルゴン Ar **4** クリプトン Kr **5** キセノン Xe（**1**〜**5** は順不同）

33 **1** の例：He, Ne, Ar, Kr, Xe
2 の例：H_2, O_2, N_2, CO, NO
3 の例：CO_2, H_2O, NO_2, O_3, SO_2
（これらを二つずつ書ければよい）

34 **1** アルゴン **2** 液化

35 **1** 100 **2** 0.0025

第３章 溶液の性質

1 溶液とその性質 p. 25〜33

1 **1** 溶媒 **2** 溶質 **3** 溶液 **4** 溶媒 **5** 溶質（**4**, **5** は順不同） **6** 水酸化物 **7** 電離 **8** 電解質 **9** 非電解質 **10** 青 **11** 結晶水 **12** 白 **13** 水和 **14** 塩化物 **15** ナトリウム

2 **1** 10.0 **2** 10.0 **3** 9.09 **4** 30.0 **5** 70.0 **6** 10.0 **7** 70.0 **8** 12.5

9 $\dfrac{15.0}{70.0+15.0} \times 100 = 17.6$ [%]

10 17.6 %

3 **1** 4.0 **2** 4.8 **3** 4.8 **4** 115.2

4 **1** 3.0 **2** 1.8

3 $80 \times \dfrac{5.0}{100} = 4.0$ [g] **4** 1.8

5 4.0（**4** と **5**, **7** と **8** は順不同）

6 5.8 **7** 60 **8** 80 **9** 140 **10** 5.8 **11** 140 **12** 4.14

5 **1** 500 **2** 1.08 **3** 540 **4** 540

5 $\dfrac{20.0}{100}$ **6** 108 **7** 540 **8** 108

9 432

6 **1** 5.0 **2** 400 **3** 1.25

7 **1** 15.0 **2** 17.6

3 $\dfrac{30.0}{100-30.0} = \dfrac{y}{100}$ **4** 42.9

8 **1** 25.0 **2** 20.0

3 $\dfrac{30.0}{100+30.0} \times 100 = 23.1$ [%]

9 **1** 342 **2** 400 **3** 342 **4** 1.17 **5** 1.17

10 **1** 58.5 **2** $\dfrac{85.0}{58.5}$ **3** 1.45 **4** 1.45 **5** 200 **6** 7.25 **7** 7.25

11 **1** 0.050 **2** 342 **3** 0.050 **4** 17.1

12 **1** 1.15 **2** 1150 **3** 1150 **4** 299 **5** 63.0 **6** 299 **7** 63.0 **8** 4.75 **9** 4.75

13 **1** 飽和溶液 **2** 溶解度 **3** 大き **4** 溶解度曲線

14 **1** 50 **2** 33.3

15 **1** 100 **2** 75.7 **3** 312

16 **1** 100 **2** 45.6 **3** 31.3

17 **1** 75 **2** 46 **3** 52 **4** b **5** 8 **6** 80 **7** 12 **8** 58 **9** 80 **10** 45 **11** 35 **12** 47 **13** 90

14 $\dfrac{90}{100+90} \times 100 = 47.4$ [%]

18 **1** 35.0 **2** 400

19 **1** 110 **2** 32.0 **3** 78.0 **4** 78.0 **5** 93.6

20 **1** 100 **2** 高 **3** 沸点上昇
4 沸点上昇度 **5** 0 **6** 低
7 凝固点降下 **8** 溶媒 **9** 溶質
10 比例 **11** 2 **12** 1 **13** 3

21 **1** 1000 **2** 2.25 **3** 2.25 **4** 342
5 0.0200 **6** 0.200

22 **1** 62.0 **2** 3.50 **3** 3.50 **4** 1.853
5 3.50 **6** 6.49 **7** -6.49

23 **1** $\frac{4.50}{180} = 0.025\,[\text{mol}]$ **2** 0.25
3 0.515 **4** 0.25 **5** 0.13
6 100.13

24 **1** $\frac{0.050}{135} = 0.00037\,[\text{mol}]$
2 0.37 **3** 37.7 **4** 0.37 **5** 13.9
6 178.8 **7** 13.9 **8** 164.9

25 **1** 半透 **2** 高 **3** 浸透
4 左（ショ糖水溶液） **5** 浸透圧

2 コロイド p. 33〜34

26 **1** コロイド **2** 分散媒 **3** 分散質
4 ミセル **5** ゲル **6** ゾル
7 キセロゲル **8** 凝析 **9** 疎水
10 親水 **11** 塩析

27 **1** d **2** a **3** e **4** c **5** b

28 **1** $FeCl_3 + 3H_2O \longrightarrow Fe(OH)_3 + 3HCl$
2 c **3** e

第４章 酸と塩基

1 酸と塩基 p. 35〜36

1 **1** 青 **2** 赤 **3** 水素 **4** 酸
5 水素 **6** 赤 **7** 青 **8** 塩基
9 水酸化物 **10** 価数
11 アンモニウム
12 水酸化物（**11**，**12** は順不同） **13** 1
14 塩基 **15** NH_3 **16** OH^-
17 強酸 **18** 弱酸 **19** 強塩基
20 弱塩基（**11**，**12** は順不同）

2 **1** H^+ **2** NO_3^- **3** H_3PO_4 **4** PO_4^{3-}
5 KOH **6** OH^- **7** $Al(OH)_3$
8 $3OH^-$

3 **1** CH_3COOH **2** H_2SO_4，H_2S **3** H_3PO_4
4 KOH，NH_3 **5** $Ba(OH)_2$
6 $Fe(OH)_3$

4 **1** H_2SO_4，HNO_3，HCl
2 NaOH，KOH，$Ba(OH)_2$，$Ca(OH)_2$

5 **1** 0.89 **2** 0.089 **3** 0.089

6 **1** 0.01 **2** 0.043 **3** 0.00043

7 **1** d **2** f **3** g **4** a **5** b
6 e **7** c **8** h

8 **1** HSO_4^- **2** HSO_4^- **3** H^+
4 $2H^+$ **5** SO_4^{2-}

2 水素イオン濃度と pH p. 37

9 **1** $H_2O \rightleftarrows H^+ + OH^-$
2 $[H^+] = [OH^-] = 1.0 \times 10^{-7}$ mol/L
3 $>$ **4** $=$ **5** $<$

10 **1** 0.5×10^{-4} **2** 1.0×10^{-14}
3 1.0×10^{-14} **4** 0.5×10^{-4}
5 2.0×10^{-10}

11 **1** 酸 **2** 塩基 **3** 7 **4** 中
5 10 **6** 塩基 **7** 3 **8** 酸

12 **1** 赤 **2** 青 **3** 無色 **4** 赤
5 酸性 **6** 塩基性

3 中和と塩 p. 38〜40

13 **1** 水素 **2** 水酸化物 **3** H^+
4 OH^- **5** H_2O **6** 中和 **7** 塩
8 Na_2CO_3 **9** 正塩 **10** $NaHCO_3$
11 酸性塩 **12** 塩基性塩 **13** 酸
14 塩基 **15** 水 **16** 加水分解
17 Na_2SO_4 **18** 加水分解 **19** 中

14 **1** $KCl + H_2O$ **2** $NaNO_3 + H_2O$
3 $Na_2CO_3 + 2H_2O$ **4** NH_4Cl
5 $CaCl_2 + 2H_2O$ **6** $(NH_4)_2SO_4$

15 **1** $H_3PO_4 + 2NaOH \longrightarrow Na_2HPO_4 + 2H_2O$
2 $3H_2SO_4 + Al_2O_3 \longrightarrow Al_2(SO_4)_3 + 3H_2O$

16 **1** H_2SO_4 **2** NaOH **3** H_2CO_3
4 $Ca(OH)_2$ **5** CH_3COOH **6** KOH
7 HNO_3 **8** NH_3 **9** HCl
10 $Mg(OH)_2$

17 **1** (1)，(3)，(5) **2** (2)，(6) **3** (4)

18 **1** H_2CO_3 **2** NaOH **3** 塩基性
4 H_2SO_4 **5** NaOH **6** 中性
7 H_2SO_4 **8** $Al(OH)_3$ **9** 酸性
10 CH_3COOH **11** NaOH
12 塩基性

19 **1** 正 **2** 酸 **3** 酸性 **4** 塩基

20 **1** CO_2，SO_2，NO_2，SO_3
2 CaO，MgO，Na_2O
3 Al_2O_3

21 **1** $Na_2CO_3 + H_2O$ **2** $CaSO_4 + H_2O$
3 $2AlCl_3 + 3H_2O$
4 $Al_2(SO_4)_3 + 3H_2O$ **5** $2Na[Al(OH)_4]$

4 中和滴定 p. 40〜43

22 **1** 1 **2** 1 **3** 2 **4** 2 **5** 0.5
6 2 **7** 2 **8** 2 **9** 0.1 **10** 0.2
11 0.5

23 **1** 1000 **2** n **3** 1000

24 **1** $BaCl_2$ **2** 0.092 **3** 10.52 **4** 2
5 25.00 **6** 0.0194

25 **1** メスフラスコ **2** ホールピペット
3 ビュレット **4** pH
5 $2NaOH + H_2SO_4 \longrightarrow Na_2SO_4 + 2H_2O$
6 1 **7** 0.125 **8** 20.00 **9** 2
10 8.53 **11** $1 \times 0.125 \times 20.00$
12 $2 \times c' \times 8.53$ **13** 0.147

26 **1** 2 **2** 0.52 **3** 10.4 **4** 1
5 0.15 **6** $2 \times 0.52 \times 10.4$
7 $1 \times 0.15 \times V'$ **8** 72.1

27 **1** 0.025 **2** 0.50 **3** 1000 **4** 50.0

28 **1** 9.72

$$2 \times 0.405 \times \frac{300}{1000} = \frac{x}{40} \quad x = 9.72\,\mathrm{g}$$

29 **1** 0.225 **2** 130 **3** 300 **4** 0.0975

30 **1** 12.4 **2** 0.747 **3** 100 **4** 0.747
5 100 **6** 12.4 **7** 6.02

31 **1** 3.00 **2** 500 **3** 18.0 **4** 83.3

32 **1** 0.01 **2** フェノールフタレイン
3 水酸化ナトリウム

33 **1** 36.5 **2** 49.05 **3** 40.0

34 **1** 2 **2** 1 **3** 0.1 **4** 0.1

第5章 気体の性質

1 いろいろな気体 p. 44〜45

1 **1** 無 **2** 無 **3** 2 **4, 5** $2H_2$, O_2
6, 7 $ZnSO_4$, H_2 **8** 水

2 **1** 無色 **2** 無臭 **3** 溶けにくい
4 少し溶ける **5** 高い

3 **1** 無 **2** におい **3** アンモニア水
4 赤 **5** 青 **6** 塩化アンモニウム
7 水酸化カルシウム **8** NH_4Cl
9 $Ca(OH)_2$ **10** $CaCl_2$ **11** N_2
12 $3H_2$ **13** 2 **14** ハーバー
15 圧力 **16** 触媒
(**6, 7** 及び **11, 12** は順不同)

4 **1** 紫外線 **2** 放電 **3** O_3 **4** 同素体
5 酸化 **6** 殺菌 **7** 有害物質
8 紫外線 **9** オゾン層 **10** 紫外線
11 N_2 **12** 不活 **13** アンモニア

5 **1** 2NO **2** $2NO_2$

6 **1** 無 **2** 一酸化二窒素 **3** 笑気ガス
4 麻酔

7 **1** 硫黄 **2** O_2 **3** SO_2 **4** 無
5 刺激 **6** 酸 **7** 二酸化硫黄
8 触媒 **9** SO_2 **10** SO_3 **11** 白
12 硫酸

2 気体の性質 p. 46〜51

8 **1** 温度 **2** 一定量 **3** 圧力
4 反比例 **5** パスカル **6** kPa
7 mmHg **8** 1000 **9** 1000

9 **1** 557 **2** 0.045 **3** 106 **4** 557
5 0.045 **6** 106 **7** 557 **8** 0.045
9 106 **10** 0.236

10 **1** 760 **2** 0.975 **3** 1.74 **4** 0.975
5 25.0 **6** 1.74 **7** 0.975 **8** 25.0
9 1.74 **10** 14.0 **11** 14.0
12 1420

11 **1** 圧力 **2** 一定量 **3** $\frac{1}{273}$
4 増加 **5** 圧力 **6** 273 **7** 273
8 −273 **9** 絶対 **10** 273
11 絶対 **12** ケルビン

12 **1** 373 **2** 123 **3** 25 **4** 727

13 **1** 10 **2** 283 **3** 283
4 367.9 (368 でも可)
5 94.9 (95 でも可)

14 **1** 一定量 **2** 圧力 **3** 反比例
4 絶対温度

15 **1** 180 **2** 20 **3** 293 **4** 273
5 25 **6** 298 **7** 180 **8** 293
9 298 **10** 180 **11** 298 **12** 293
13 183.1 **14** 183.1 **15** 183.1
16 1.7

16 **1** 293 **2** 702 **3** 268 **4** 293
5 702 **6** 268 **7** 1013 **8** 268
9 293 **10** 702 **11** 1.32

17 **1** T_1 **2** T_2 **3** ボイル

18 **1** 8.31 **2** 気体定数 **3** R
4 nRT **5** 状態

19 **1** 108.4 **2** 1000 (1.084×10^5 も可)
3 8.18 **4** 8.31 **5** $\mathrm{Pa \cdot m^3/(mol \cdot K)}$
6 296 **7** 108400 **8** 8.18 **9** 8.31
10 296 **11** 108400 **12** 8.18
13 8.31 **14** 296 **15** 360
16 360 **17** 1440 **18** 1.44

20 1 92.16　2 91.75　3 0.41　4 0.41
5 0.228　6 1.8
21 1 0.717　2 22.4　3 16.1
22 1 0.717　2 1.293　3 0.555
23 1 重　2 拡散　3 分子
24 1 全圧　2 分圧　3 分圧
4 物質量　5 比例　6 全圧
7 分圧　8 分圧
25 1 2.0　2 2.00　3 28.0　4 6.00
5 4　6 4　7 4　8 3800
26 1 (イ), (ウ), (エ), (カ)
27 1 (イ)
28 1 以下　2 臨界　3 臨界圧　4 低
29 1 c
30 1 固体　2 液体　3 気体　4 三重点

第6章　元素の性質

1 元素の分類と周期表 p. 52

1 1 メンデレーエフ　2 原子量
3 原子番号　4 縦　5 1　6 18
7 横　8 周期　9 典型　10 族
11 遷移
2 1 16　2 2　3 11　4 14　5 7
6 9　7 15　8 18　9 12　10 13
11 10　12 8　13 1　14 17

2 典型元素 p. 52〜65

3 1 Co, Cr, Cu　2 Ni, Nb
4 1 Li, Na, K　2 Li　3 Cs
5 1 c　2 b　3 e　4 a　5 d
6 1 黄　2 過酸化ナトリウム Na_2O_2
3 赤　4 水酸化ナトリウム NaOH
7 1 イオン　2 通さない　3 水溶液
4 融解　5 イオン　6 塩化物イオン
7 水蒸気　8 潮解　9 結晶水
10 風解
8 1 $NaCl + AgNO_3 \longrightarrow AgCl + NaNO_3$
2 $2NaOH + CO_2 \longrightarrow Na_2CO_3 + H_2O$
9 1 $Na_2CO_3 + 2HCl$
$\longrightarrow 2NaCl + H_2O + CO_2$
2 二酸化炭素　3 CO_2
10 1 84.0　2 84.0　3 13.3 L
11 1 ⑦　2 ⑤　3 ⑥　4 ⑤　5 ②
6 ⑧　7 ⑤
12 1 ア　2 エ　3 ウ　4 イ
13 1 2　2 アルカリ土類　3 2
4 $Ca + 2H_2O \longrightarrow Ca(OH)_2 + H_2$
5 $Ca(OH)_2 + CO_2 \longrightarrow CaCO_3 + H_2O$
6 $CaCO_3 + H_2O + CO_2 \longrightarrow Ca(HCO_3)_2$
7 二酸化炭素　8 酸化カルシウム
9 水酸化カルシウム　10 強塩基
14 1 ア　2 イ　3 ウ　4 イ　5 ウ
15 1 $Ca(HCO_3)_2$　2 $CaCO_3$　3 CaO
4 $CaCl_2$　5 $CaSO_4$　6 イ
16 1 鍾乳　2 二酸化炭素　3 石灰
4 $CaCO_3 + H_2O + CO_2 \longrightarrow Ca(HCO_3)_2$
17 1 水酸化物　2 水素
3 $Ca + 2H_2O \longrightarrow Ca(OH)_2 + H_2$
4 炭酸カルシウム　5 $CaCO_3$
6 $CaCO_3 + H_2O + CO_2 \longrightarrow Ca(HCO_3)_2$
18 1 $CaO + H_2O \longrightarrow Ca(OH)_2$
2 $2Mg + O_2 \longrightarrow 2MgO$
3 $BaCl_2 + H_2SO_4 \longrightarrow BaSO_4 + 2HCl$
19 1 ホウ素　2 アルミニウム
3 3　4 3　5 陽　6 非金属
7 金属　8 亜鉛　9 ビスマス
20 1 $Al_2O_3 + 2Fe$
2 $4Al + 3O_2 \longrightarrow 2Al_2O_3$
3 表面　4 酸化物　5 アルマイト
6 硝酸　7 酸化　8 不動態
9 $Al(OH)_3 + 3HCl \longrightarrow AlCl_3 + 3H_2O$
10 $Al(OH)_3 + NaOH \longrightarrow Na[Al(OH)_4]$
11 アルミナ　12 融点
13 サファイア
21 1 硫酸アルミニウム　2 $Al_2(SO_4)_3$
3 硫酸カリウム　4 $AlK(SO_4)_2 \cdot 12H_2O$
5 Al^{3+}　6 K^+　7 SO_4^{2-}　8 塩
9 塩　10 イオン
22 1 $AlCl_3 + 3NaOH \longrightarrow Al(OH)_3 + 3NaCl$
2 $Al(OH)_3 + NaOH \longrightarrow Na[Al(OH)_4]$
23 1 14　2 ×, 典型元素　3 4
4 ×, 共有結合　5 2　6 ○
7 ×, 同素体　8 ダイヤモンド
9 黒鉛（8, 9は順不同）　10 同素体
11 融点　12 4　13 活性炭　14 臭
24 1 g　2 a　3 d　4 a　5 g
6 d　7 d　8 g　9 d
25 1 B　2 4　3 共有　4 A
26 1 CO　2 CO_2　3 CO_2　4 CO
5 CO_2　6 CO　7 CO　8 CO_2
9 CO_2　10 CO　11 CO_2　12 CO
13 CO_2　14 CO
27 1 CaC_2, b　2 SiO_2, g
3 $CaCO_3$, d　4 SiC, f　5 CaO, c

6 Al_2O_3, a　7 $Ca(OH)_2$, e
（線引きは省略）

28 1 $CaO + H_2O \longrightarrow Ca(OH)_2$
2 $C + 2S \longrightarrow CS_2$
3 $4P + 5O_2 \longrightarrow P_4O_{10}$
4 $Zn + H_2SO_4 \longrightarrow ZnSO_4 + H_2$
5 $CaCO_3 \longrightarrow CaO + CO_2$

29 1 $CaCl_2 + H_2O + CO_2$　2 $H_2O + CO$
3 $CaC_2 + CO$

30 1 ×，ダイヤモンド　2 ○　3 Ge
4 ×，半導体　5 3　6 Ga　7 B
8 ×，p 形半導体　9 5　10 As
11 Sb　12 ×，n 形半導体　13 C
14 ○　15 $SiO_2 + 2C \longrightarrow Si + 2CO$

31 1 ○　2 ×，組成式　3 ×，硬い
4 ○　5 ×，酸素原子
6 ×，シリカゲル　7 ○
8 ×，石英ガラス

32 1 $SiO_2 + Na_2CO_3 \longrightarrow Na_2SiO_3 + CO_2$
$SiO_2 + 2NaOH \longrightarrow Na_2SiO_3 + H_2O$

33 1 14　2 二酸化ケイ素　3 4
4 正四面体　5 巨大

34 1 b, c　2 a, d　3 f　4 e
5 h　6 g

35 1 同素体

36 1 白　2 P_4O_{10}　3 P_2O_5
4 $P_4O_{10} + 6H_2O \longrightarrow 4H_3PO_4$
5 $Ca_3(PO_4)_2$
6 $Ca_3(PO_4)_2 + 3H_2SO_4$
$\longrightarrow 2H_3PO_4 + 3CaSO_4$

37 1 C　2 重い　3 A
4 水の中へ濃硫酸を　5 C
6 有毒である（毒性があるでもよい）

38 1 二酸化硫黄　2 三酸化硫黄
3 発煙硫酸　4 $SO_3 + H_2O \longrightarrow H_2SO_4$

39 1 ウ　2 イ　3 ア　4 エ

40 1 ハロゲン　2 7　3 1　4 酸化
5 二原子　6 大き　7 黄緑
8 液体　9 固体　10 昇華

41 1 A　2 黄緑色　3 B　4 塩素水
5 C　6 赤褐色　7 C
8 溶けにくい

42 1 2, 3, 5

43 1 $2H_2O + 2Cl_2$　2 $2H_2O + Cl_2$
3 $NaHSO_4 + HCl$　4 $CaCl_2 + 2H_2O$
5 $NaClO$

44 1 次亜塩素酸　2 $HClO$　3 酸素

45 1 35.5　2 36.5　3 500

46 1 黄　2 気　3 反応　4 爆発
5 フッ化水素　6 CaF_2　7 蛍
8 フッ化水素　9 HF
10 フッ化水素酸　11 ガラス
12 二酸化マンガン　13 MnO_2
14 塩素　15 臭化物イオン

47 1 昇華　2 水　3 冷却　4 紫

48 1 $2KCl + Br_2$　2 $2KBr + I_2$
3 $2KCl + I_2$

49 1 貴　2 0　3 1（単）　4 低

50 1 13　2 14　3 15　4 11
5 12　6 Al　7 Si　8 S　9 Cl
10 1　11 2　12 3　13 4　14 5
15 6　16 7

51 1 Si　2 Ar

52 1 (b)　Al_2O_3　2 (d)　SiO_2

53 1 Ar　2 Si　3 Na　4 Al　5 Cl

3 遷移元素 p. 66〜68

54 1 (2)(3)

55 1 1　2 2　3 内　4 電子
5 金属　6 密度　7 融点

56 1 K_2CrO_4　2 黄　3 $K_2Cr_2O_7$
4 赤橙

57 1 MnO_2　2 4　3 黒　4 乾電池
5 $KMnO_4$　6 7　7 赤紫　8 酸化

58 1 三酸化二鉄　2 四酸化三鉄
3 ヘキサシアニド鉄(Ⅱ)酸カリウム
4 ヘキサシアニド鉄(Ⅲ)酸カリウム

59 1 Fe^{2+}　2 CN^-　3 錯　4 錯塩

60 1 赤褐　2 赤　3 濃青

61 1 銀　2 Ag　3 金　4 Au
5 展　6 熱　7 銀　8 金
9 塩酸　10 3　11 1　12 王水

62 1 $Cu + 4HNO_3$
$\longrightarrow Cu(NO_3)_2 + 2H_2O + 2NO_2$
2 $3Cu + 8HNO_3$
$\longrightarrow 3Cu(NO_3)_2 + 4H_2O + 2NO$

63 1 $CuSO_4$　2 $Na_2S_2O_3$
3 $[Cu(NH_3)_4]^{2+}$　4 $AgNO_3$　5 $AgCl$

64 1 1　2 3　3 5（1〜3 順不同）

65 1 NH_3　2 4　3 CN^-　4 6

66 1 $AgCl + 2NH_3 \longrightarrow [Ag(NH_3)_2]^+ + Cl^-$

67 1 配位　2 4　3 $[Cu(NH_3)_4]^{2+}$

68 1 カドミウム　2 水銀　3 Zn
4 Hg　5 価　6 水銀　7 融点

69 1 $ZnCl_2 + H_2$　2 $Na_2[Zn(OH)_4] + H_2$

70 1 両性酸化物　2 $ZnCl_2 + H_2O$

71 1 Hg_2Cl_2 2 にくい 3 塩化水銀(Ⅱ)
4 $HgCl_2$ 5 る

第７章 酸化と還元

1 酸化反応と還元反応 p. 69〜74

1 1 還元 2 酸化 3 酸化 4 還元
5 酸化 6 二酸化炭素 7 酸化
8 硫黄 9 還元 10 鉄 11 酸化
12 酸化アルミニウム 13 還元
14 酸化還元

2 1 電子 2 電子 3 酸化還元
4 酸化 5 還元

3 1 還元 2 酸化 3 還元 4 酸化
5 酸化 6 酸化

4 1 0 2 ＋1 3 －2 4 0
5 －2

5 1 ＋4 2 0 3 －2 4 ＋5
5 －3 6 ＋6 7 ＋5 8 ＋6

6 1 減少 2 増加 3 還元 4 還元
5 酸化

7 1 R 2 O 3 O 4 R 5 O
6 R 7 R 8 O

8 1 R 2 O 3 × 4 R 5 O
6 ×

9 1 S (－2→0) 酸化された。
Br (0→－1) 還元された。
2 Zn (0→＋2) 酸化された。
H (＋1→0) 還元された。
3 Hg (＋2→＋1) 還元された。
Sn (＋2→＋4) 酸化された。
4 S (＋4→＋6) 酸化された。
Cl (0→－1) 還元された。

10 1 ウ

11 1 酸化 2 酸化 3 還元 4 還元
5 酸化

12 1 ○ 2 ○ 3 ×，還元剤 4 ○
5 ×，酸化剤

13 1 SO_2 2 H_2S 3 PbO_2 4 SO_2
5 CuO 6 H_2 7 MnO_2 8 HCl
9 Cl_2 10 KBr 11 $HgCl_2$
12 $SnCl_2$ 13 HNO_3 14 Cu

14 1 Br ＞ O ＞ I ＞ S

15 1 1 2 2 3 2 4 3 5 5

16 1 5 2 2 3 5 4 2 5 5
6 0.0118 7 2 8 0.0345

17 1 5 2 0.022 3 10.0 4 2
5 0.038 6 5 × 0.022 × 10.0
7 2 × 0.038 × V' 8 14.5

18 1 5 2 21.5 3 2 4 0.192
5 20.0 6 5 × c × 21.5
7 2 × 0.192 × 20.0 8 0.0714

2 電池 p. 75〜80

19 1 銅 2 銀 3 Cu^{2+} 4 $2e^-$
5 Cu^{2+} 6 2Ag 7 銅 8 銀
9 大きい
10 Ⓒ，$Zn \longrightarrow Zn^{2+} + 2e^-$
$Cu^{2+} + 2e^- \longrightarrow Cu$
まとめて $Zn + Cu^{2+} \longrightarrow Zn^{2+} + Cu$
イオン化傾向は Zn ＞ Cu

20 1 イオン化列 2 電子 3 陽
4 小さい 5 強い

21 1 Na 2 Zn 3 Fe 4 Ag
5 K 6 Al 7 Fe 8 Cu
9 Pt 10 Au

22 1 K 2 Na 3 Mg 4 Zn
5 Fe 6 Pb 7 Cu 8 Au

23 1 Ⓐ $Cu^{2+} + Pb \longrightarrow Cu + Pb^{2+}$
Ⓓ $3Cu^{2+} + 2Al \longrightarrow 3Cu + 2Al^{3+}$

24 1 大き 2 水 3 水素 4 水素
5 小さ 6 水素 7 塩酸 8 硝酸

25 1 C ＞ A ＞ D ＞ B

26 1 Zn，Fe，Al，Mg 2 Na 3 Cu，Ag
4 Fe，Al 5 Cu，Ag 6 Pt，Au

27 1 Cu 2 Ag 3 Cu

28 1 ダニエル電池 2 亜鉛 3 負極
4 正極 5 $Zn \longrightarrow Zn^{2+} + 2e^-$
6 $Cu^{2+} + 2e^- \longrightarrow Cu$
7 $Zn + Cu^{2+} \longrightarrow Zn^{2+} + Cu$
8 Zn 9 Cu^{2+} 10 Ⓐ 11 Ⓑ

29 1 イ

30 1 $Zn \longrightarrow Zn^{2+} + 2e^-$
2 $2H^+ + 2e^- \longrightarrow H_2$
3 → 4 酸化剤
5 H_2O_2，$K_2Cr_2O_7$，HNO_3 など

31 1 c 2 d 3 a 4 b 5 f
6 a 7 e 8 d

32 1 鉛 2 二酸化鉛 3 希硫酸
4 両極とも硫酸鉛(Ⅱ) 5 Pb
6 $PbSO_4$ 7 2 8 PbO_2 9 2
10 $PbSO_4$ 11 Pb 12 H_2SO_4
13 PbO_2 14 $PbSO_4$ 15 2 V

33 1 Ⓒ 2 Ⓐ

34 1 0.799 − (− 0.440) = 1.239 [V]

2　$-0.440-(-0.763)=0.323$ [V]

3　$0.799-0.340=0.459$ [V]

3 電気分解　p. 80〜83

35　1　Na^+，Cl^-，H^+，OH^-　2　負極
3　正極　4　塩素　5　水素　6　Cl^-
7　Cl_2　8　H_2O　9　H_2
10　Na^+，OH^-　11　陰極

36　1　陰　2　陽　3　還元　4　酸化

37　1　Cu^{2+}，Cl^-，H^+，OH^-　2　Cu^{2+}
3　2　4　Cu　5　酸化された

38　1　酸素　2　水素　3　酸素　4　水素

39　1　イ

40　1　電気量　2　96500　3　21600

41　1　1　2　107.9　3　0.5　4　32.7
5　0.5　6　1.0　7　11.2　8　0.5
9　35.5　10　11.2　11　0.25　12　8.0
13　5.6

42　1　$0.5\times10\times60\times60=18000$ [C]
2　108　3　18000　4　20.1

43　1　$4.20\times30\times60=7560$ [C]
2　2　3　7560　4　2.49　5　5.6
6　5.6　7　7560　8　96500　9　0.439

44　1　2.54　2　$\frac{63.5}{2}$　3　7720　4　7720
5　0.357　6　11.2　7　7720　8　0.896

45　1　正　2　負　3　陰　4　陽

46　1　粗銅　2　純銅　3　純銅　4　粗銅

第８章　化学反応と熱・光

1 化学反応と熱　p. 84〜86

1　1　1 g　2　1 mol　3　(e)　4　(l)
5　0℃　6　25℃　7　放出　8　吸収

2　1　H_2　2　H_2 (g)　3　286　4　286 kJ

3　1　$H_2(g)+\frac{1}{2}O_2(g)\longrightarrow H_2O(l)$
$\Delta H=-286$ kJ/mol

4　1　$CH_3OH(l)+\frac{3}{2}O_2(g)$
$\longrightarrow CO_2(g)+2H_2O(l)$　$\Delta H=-726$ kJ/mol

5　1　$Ca(s)+\frac{1}{2}O_2(g)\longrightarrow CaO(s)$
$\Delta H=-635$ kJ/mol

6　1　発熱　2　やす　3　吸熱　4　にく

7　1　H_2O (g)　$\Delta H=+44.0$ kJ/mol

8　1　正　2　負　3　凝固熱　4　融解熱
5　吸収　6　発生　7　希釈熱
8　溶解熱

9　1　$H_2O(s)\longrightarrow H_2O(l)$
$\Delta H=+6.0$ kJ/mol
2　$H_2O(l)\longrightarrow H_2O(g)$
$\Delta H=+44.0$ kJ/mol

10　1　18.0　2　6.0
3　$H_2O(s)\longrightarrow H_2O(l)$　$\Delta H=+6.0$ kJ/mol

11　1　温度　2　温度　3　潜熱　4　状態
5　温度　6　顕熱

2 化学結合とエネルギー　p. 86〜89

12　1　経路　2　総和　3　ヘス　4　44
5　吸収

13　1　$Q=\frac{715+432\times2+75}{4}=413.5$

14　1　-21 kJ/mol　2　-21 kJ/mol

15　1　-233 kJ/mol

16　1　2C (s)　2　H_2 (g)

17　1　$\frac{1}{2}N_2(g)+\frac{1}{2}O_2(g)\longrightarrow NO(g)$
$\Delta H=+90$ kJ/mol
2　$\frac{1}{2}N_2(g)+O_2(g)\longrightarrow NO_2(g)$
$\Delta H=+33$ kJ/mol　3　$+57$

18　1　46.0　2　46.0　3　29.7

19　1，2　-239

20　1　1000　2　22.4　3　44.64　4　0.50
5　22.32　6　0.40　7　17.86
8　11438

21　1　48　2　480　3　6129　4　36
5　360　6　14320　7　8　8　80
9　1011　10　2.15×10^4

3 化学反応と光　p. 89

22　1　銀　2　オゾン　3　エネルギー
4　吸収　5　吸収　6　反射（散乱も可）

23　1　$6CO_2+6H_2O\longrightarrow C_6H_{12}O_6+6O_2$

第９章　反応速度と化学平衡

1 反応速度　p. 90〜92

1　1　左　2　右　3　右　4　Ⅲ　5　Ⅱ

2　1　速度定数　2　1/s　3　大き

3　1　一次　2　二次

4　1　23.1 min　2　138.6 min 後
3　一次反応

5 **1** 27　**2** 27　**3** 2.2　**4** 27　**5** 27
6 27

6 **1** 活性化エネルギー　**2** 反応熱
3 触媒　**4** ない　**5** 触媒　**6** た
7 小さく（遅く）　**8** 大きく

7 **1** 運動　**2** 大き　**3** 活性化　**4** 運動
5 分子　**6** 衝突　**7** 大き　**8** 触媒
9 小さ　**10** 活性化　**11** 多
12 抑制剤　**13** 大き　**14** 活性化
15 少な

2 化学平衡 p. 93〜97

8 **1** 可逆　**2** 逆　**3** 正　**4** 逆
5 速度　**6** 止まった
(4) 15 〜 20 vol% を○で囲む。

9 **1** NO_2　**2** 赤褐　**3** (a)　**4** 右
5 無　**6** N_2O_4

10 **1** 温度　**2** 圧力　**3** 小さ　**4** 平衡
5 移動　**6** 平衡　**7** ルシャトリエ
8 可逆　**9** 平衡　**10** 温度
11 圧力
12 移動（**1**・**2**，**10**・**11** は順不同）

11 **1** 多　**2** 少な

12 **1** ○
2 ×，物質量が変わらないから圧力は平衡に関係がない。

13 **1** $CH_3COOC_2H_5$　**2** H_2O
3 CH_3COOH　**4** C_2H_5OH

14 **1** 温度　**2** 平衡定数　**3** 化学平衡
4 H_2O　**5** 大き　**6** 左　**7** 逆
8 CH_3COOH　**9** C_2H_5OH　**10** 大き
11 $CH_3COOC_2H_5$　**12** H_2O　**13** 小さ
14 平衡

15 **1** 電離　**2** $\dfrac{[CH_3COO^-][H^+]}{[CH_3COOH]}$
3 電離

16 **1** 2.9×10^{-14}　**2** 1.7×10^{-7}
3 1.0×10^{-7}　**4** 1.7

17 **1** 2.0×10^{-4}　**2** 3.7　**3** 3.2×10^{-11}
4 10.5　**5** 7.9×10^{-2}　**6** 1.1

18 **1** 0.0025　**2** 2.6　**3** 1.0×10^{-14}
4 0.050　**5** 2.0×10^{-13}
6 2.0×10^{-13}　**7** 12.7　**8** 0.20
9 1.86×10^{-3}　**10** 1.86×10^{-3}
11 2.7

19 **1** 酸　**2** 純水　**3** 小さ　**4** 緩衝
5 緩衝　**6** 弱酸　**7** 弱　**8** 緩衝

20 **1** 酢酸ナトリウム　**2** 緩衝液
3 酢酸ナトリウム　**4** CH_3COO^-
5 左　**6** H^+

21 **1** 9.0×10^{-6}　**2** 1.3

第10章 放射性物質と原子核エネルギー

1 原子核 p. 98

1 **1** $E = mc^2$

2 **1** 原子核　**2** 陽子　**3** 中性子
4 欠損　**5** 結合（**2**，**3** は順不同）

2 放射性物質 p. 98〜99

3 **1** 放射　**2** α　**3** β　**4** γ　**5** γ
6 α　**7** γ　**8** β　**9** γ　**10** 電磁
11 α　**12** α 粒子　**13** 崩壊
14 α 崩壊　**15** β^- 崩壊　**16** 電子
17 β^+ 崩壊　**18** ヘリウム　**19** γ
20 半減期（**2**，**3**，**4** は順不同）

4 **1** 2 減少　**2** 4 減少　**3** 1 増加
4 不変　**5** 1 減少　**6** 不変

5 **1** ${}^{226}_{88}Ra \longrightarrow {}^{222}_{86}Rn + {}^{4}_{2}He$
2 ${}^{14}_{6}C \longrightarrow {}^{14}_{7}N + {}^{0}_{-1}e^-$

3 放射線の測定と利用 p. 99

6 **1** 秒　**2** 原子核　**3** ベクレル
4 Bq　**5** キュリー

7 GM 管 ― 電離作用
シンチレーション計数器 ― 蛍光作用
ポケット線量計 ― 電離作用
フィルムバッジ ― 写真作用

8 厚さの測定 ― 線源利用
ポリエチレンの強化 ― 照射反応
体内の元素の移動調査 ― トレーサー利用
非破壊検査 ― 線源利用

4 原子核エネルギーの利用 p. 100

9 **1** 92　**2** 38　**3** 54
4 ${}^{235}_{92}U + {}^{1}_{0}n \longrightarrow {}^{94}_{38}Sr + {}^{140}_{54}Xe + 2{}^{1}_{0}n$

10 **1** ${}^{2}_{1}H + {}^{3}_{1}H \longrightarrow {}^{4}_{2}He + {}^{1}_{0}n$

11 **1** 核　**2** 濃縮　**3** 天然　**4** 0.7204
5 235　**6** 中性子　**7** 熱中性子
8 軽　**9** 水　**10** 分裂　**11** 中性子
12 カドミウム　**13** 制御　**14** 沸騰
15 軽水　**16** タービン　**17** 放射能
18 加圧　**19** 放射能

第11章　資源の利用と無機化学工業

1 化学工業　p. 101

1　1 カセイソーダ　2 ソーダ灰
3 カセイカリ　4 塩安

2 空気の利用　p. 101〜102

2　1 分留　2 窒素　3 酸素　4 窒素
5 アンモニア　6 ハーバー・ボッシュ

3　1 低　2 発熱　3 高　4 物質量
5 減　6 温度　7 高　8 小さ
9 温度　10 高　11 反応速度
12 ハーバー・ボッシュ

4　1 NO　2 NO_2　3 NO
4 オストワルト法　5 ①　6 100 g

3 海水の利用　p. 102

5　1 アンモニア　2 炭酸水素ナトリウム
3 $NaHCO_3$
4 $2NaHCO_3 \longrightarrow Na_2CO_3 + CO_2 + H_2O$
5 アンモニアソーダ法（ソルベー法）

6　1 $NaHCO_3$　2 Na_2CO_3　3 CO_2
4 $Ca(OH)_2$　5 $CaCl_2$　6 $2NH_3$
7 アンモニアソーダ　8 NH_3　9 CO_2

4 塩酸と硫酸　p. 103

7　1 二酸化硫黄　2 三酸化硫黄　3 H_2SO_4

8　1 二酸化硫黄　2 三酸化硫黄
3 発煙硫酸　4 V_2O_5-K_2SO_4-SiO_2 系
5 $SO_3 + H_2O \longrightarrow H_2SO_4$
6 直接水と反応させると激しく反応して吸収効率が悪くなるから。　7 約 3.2 t

9　(a) カ　(b) オ　(c) ウ　(d) イ　(e) ク
(f) キ　(g) ケ　(h) ア　(i) シ　(j) ソ
(k) サ

第12章　有機化学

1 有機化合物の特徴・分類と命名法　p. 104〜105

1　1 有機化合物　2 無機化合物　3 炭素
4 水素　5 酸素（3〜5は順不同）

2　1 d　2 f　3 a　4 b　5 e
6 c　7 j　8 h　9 g　10 i

3　1 ヒドロキシ基　2 CH_3OH　3 C_2H_5OH
4 アルコール　5 官能基

4　1 b　2 f　3 e　4 a　5 d
6 c

2 脂肪族炭化水素　p. 105〜111

5　1 メタン　2 パラフィン　3 C_nH_{2n+2}
4 同族列　5 同族体

6　1 メタン　2 エタン　3 プロパン
4 オクタン

7　1 メチル基　2 エチル基
3 プロピル基

8　1 エチレン　2 オレフィン　3 C_nH_{2n}
4 二重　5 ジエン　6 C_nH_{2n-2}

9　1

```
H     H
 \   /
  C=C
 /   \
H     H
```

2

```
   H
   |
H—C—C=C<H
   |  |  H
   H  H
```

3

```
H             H
 \           /
  C=C—C=C
 /  |  |   \
H   H  H    H
```

10　1 アセチレン　2 C_nH_{2n-2}　3 三重
4 不飽和

11　1 シクロアルカン　2 C_nH_{2n}

12　1

```
   H   H
   |   |
H—C—C—H
   |   |
H—C—C—H
   |   |
   H   H
```

2

```
      H  H
  H    \ /    H
   \    C    /
    C       C
   /  \   /  \
  H    \ /    H
  H—C———C—H
     |   |
     H   H
```

3

```
   H  H  H
 H  \ C /  H
   C     C
 H          H
 H          H
   C     C
 H  / C \  H
   H     H
```

13　1 異性体　2 構造　3 シス-トランス
4 鏡像（2〜4は順不同）

14　1

```
   H  H  H  H  H
   |  |  |  |  |
H—C—C—C—C—C—H
   |  |  |  |  |
   H  H  H  H  H
```

2 ペンタン

3

```
      H
      |
   H—C—H
   H  |  H  H
   |  |  |  |
H—C—C—C—C—H
   |  |  |  |
   H  H  H  H
```

4 2-メチルブタン

5

```
        H
        |
     H—C—H
 H      |      H
 |      |      |
H—C———C———C—H
 |      |      |
 H      |      H
     H—C—H
        |
        H
```

6 2, 2-ジメチルプロパン
（1〜6は順不同，組み合わせが合っていればよい。）

15　1 2-メチルブタン　2 1-ブテン
3 2-メチルプロペン
4 2, 2-ジメチルプロパン

5　2，3-ジメチルブタン
6　2，4-ジメチルヘキサン

16　1　トランス　2　シス
3　シス-トランス異性体

17　1　CH_2Cl_2　2　$CHCl_3$　3　CCl_4
4　クロロメタン　5　ジクロロメタン
6　トリクロロメタン　7　塩化メチル
8　四塩化炭素

18　1　$CH_2Br{-}CH_2Br$　2　臭素
3　1，2-ジブロモエタン　4　HBr
5　臭化水素　6　2-ブロモプロパン
7　$CH_2{=}CH_2$　8　$CH_2{=}CHCl$
9　塩化ビニル　10　HCN
11　$CH_2{=}CHCN$　12　H_2O
13　CH_3CHO

19　1　ハロゲノ基　2　ヒドロキシ基
3　エーテル結合　4　ホルミル基
5　カルボニル基　6　カルボキシ基
7　エステル結合　8　スルホ基
9　ニトロ基　10　アミノ基
a　ハロゲン化物　b　アルコール
c　フェノール類（b，cは順不同。イ，ウ，12，13との対応が合っていればよい）
d　エーテル　e　アルデヒド　f　ケトン
g　カルボン酸　h　エステル
i　スルホン酸　j　ニトロ化合物
k　アミン
ア　クロロメタン　イ　エタノール
ウ　フェノール　エ　ジエチルエーテル
オ　アセトアルデヒド　カ　アセトン
キ　酢酸　ク　酢酸エチル
ケ　ベンゼンスルホン酸
コ　ニトロベンゼン　サ　アニリン
11　CH_3Cl　12　C_2H_5OH　13　C_6H_5OH
14　$C_2H_5OC_2H_5$　15　CH_3CHO
16　CH_3COCH_3　17　CH_3COOH
18　$CH_3COOC_2H_5$　19　$C_6H_5SO_3H$
20　$C_6H_5NO_2$　21　$C_6H_5NH_2$

20　1　ME　2　E　3　M　4　ME
5　ME　6　M　7　E　8　E　9　M

21　1　親水　2　疎水（親油）　3　中
4　アルデヒド　5　カルボン酸
6　ケトン　7　にく

22　1　$2C_2H_5ONa + H_2$
2　$C_2H_5OC_2H_5 + H_2O$
3　$CH_2{=}CH_2 + H_2O$

23　1　エタノール　2　エチルアルコール
3　第一級アルコール　4　2-プロパノール
5　イソプロピルアルコール
6　第二級アルコール
7　2-メチル-2-プロパノール
8　t-ブチルアルコール
9　第三級アルコール　10　1-プロパノール
11　*n*-プロピルアルコール
12　第一級アルコール

24　1　2　2　4　3　大き　4　不凍
5　ニトログリセリン

25　1
```
CH2－CH2
  ＼ ／
   O
```
2
```
CH2－CH2
 |    |
 OH   OH
```

26　1　○　2　○　3　×，軽く
4　×，わずかしか溶けない　5　○
6　×，反応しない　7　○

27　1
```
     O
    //
H－C
    \
     H
```
2
```
   H
   |     O
H－C－C//
   |    \
   H     H
```
3
```
   H  O  H
   |  ‖  |
H－C－C－C－H
   |     |
   H     H
```

28　1　F　2　K　3　A　4　A，F，K
5　A，F　6　A，F　7　A，K　8　K
9　F

29　a　エステル化　1　$CH_3COOC_2H_5 + H_2O$
b　けん化　2　$CH_3COONa + C_2H_5OH$
c　加水分解　3　$CH_3COOH + C_2H_5OH$

30　1
```
   H
   |     O－H
H－C－C
   |    \\
   H     O
```
2
```
   H  O      H  H
   |  ‖      |  |
H－C－C－O－C－C－H
   |         |  |
   H         H  H
```
3
```
   H
   |     O
H－C－C//
   |    \
   H     \
          O
   H     /
   |    /
H－C－C
   |    \\
   H     O
```

31　1　不斉炭素
2　鏡像異性体（エナンチオマー）
3　D-乳酸，L-乳酸

3　芳香族炭化水素　p. 112〜115

32　1　C_6H_6　2　有機溶剤　3　$C_6H_4(CH_3)_2$
4　オルト　5　メタ
6　パラ（4〜6は順不同）　7　石炭
8　分留　9　石油ナフサ　10　$C_6H_5CH_3$
11　ベンゼン環　12　芳香族
13　縮合多環式芳香族

33 1 2 3

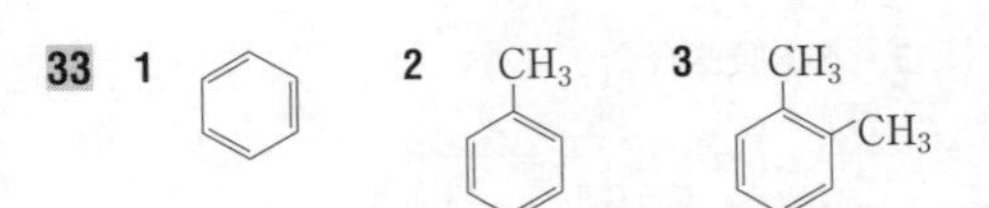

4 CH_3 / CH_3　5 CH_3 / CH_3　6

34 1 トルエン　2 7　3 8
4 *p*-キシレン　5 8　6 10
7 ナフタレン　8 10　9 8
10 アントラセン　11 14　12 10
13 無水フタル酸　14 8　15 4
16 アントラキノン　17 14　18 8

35 1 塩素　2 Cl + HCl
3 フリーデル-クラフツ
4 CH_3 + HCl　5 CH_2CH_3
6 安息香酸

36 1 フェノール類　2 塩化鉄(Ⅲ)水溶液
3 クメン法　4 アセトン　5 水素
6 酸性　7 CH_3 / OH
8 *o*-クレゾール　9 CH_3 / OH
10 *m*-クレゾール
11 CH_3 / OH　12 *p*-クレゾール（7～12は順不同。組み合わせが合っていればよい）
13 ナフタレン　14 1-ナフトール
15 OH　16 2-ナフトール

37 1 安息香酸　2 サリチル酸
3 テレフタル酸　4 B　5 A
6 C　7 B　8 C　9 A
10 B

38 1 サリチル酸メチル
2 OH / $COOCH_3$
3 アセチルサリチル酸　4 $OCOCH_3$ / COOH

39 1 N　2 NA　3 A　4 N　5 A
6 A

40 1 ニトロベンゼン　2 アニリン
3 アセトアニリド　4 スルファニル酸
ア ニトロ化　イ 還元　ウ アセチル化
エ スルホン化
a $NHCOCH_3$　b NH_2 / SO_3H

41 1 オルト-パラ配向基
2 (a)(e)(f)(h)　3 メタ配向基
4 (b)(c)(d)(g)
5 CH_3 / NO_2　CH_3 / NO_2　6 COOH / NO_2
7 SO_3H / NO_2　8 Cl / NO_2　Cl / NO_2

4 有機化合物の同定・定量・構造分析 p. 116～117

42 1 $4.40 \times \frac{12.0}{44.0} = 1.20$ [mg]
2 $2.70 \times \frac{2.0}{18.0} = 0.30$ [mg]
3 1.20　4 0.30　5 1.60　6 1.20
7 0.30　8 1.60　9 3　10 1
11 CH_3O　12 $C_2H_6O_2$

43 1 5.12　2 0.210　3 35.0　4 6.00
5 5.12　6 6.00　7 128

44 1 クロマトグラフィー
2 核磁気共鳴分析（NMR）
3 赤外分光分析（IR）　4 質量分析（MS）
5 X 線回折分析（XRD）

第13章　石油・石炭の化学工業 p. 118～119

1 1 b, e, f　2 f　3 e　4 c, d
5 e, g, j　6 g, j　7 a, k
8 h, i

2 1 b　2 i　3 c　4 e, h　5 d
6 f　7 a, g, j

3 1 常圧蒸留　2 減圧蒸留　3 改質
4 分解　5 アルキル化　6 脱硫

4 1 BB 留分　2 熱分解　3 BTX
4 熱分解油　5 接触改質油（4, 5は順不同）
6 異性化　7 水蒸気
8 水蒸気改質法

5 1 メタン　2 合成ガス　3 C1 化学
4 乾留

第14章　工業材料と機能性材料 p. 120～122

1 1 モノマー　2 ポリマー　3 付加重合
4 縮合重合　5 開環重合　6 熱可塑性
7 熱硬化性

2 1 e, g, h　2 b, f　3 a　4 c, d, i

3 1 塩化ビニル　2 $\left[CH_2-CH(Cl)\right]_n$
3 ポリ塩化ビニル　4 アクリロニトリル
5 $\left[CH_2-CH(CN)\right]_n$　6 ポリアクリロニトリル
7 イソプレン　8 $\left[CH_2-C(CH_3)=CH-CH_2\right]_n$
9 イソプレンゴム　10 ブタジエン
11 $\left[CH_2-CH=CH-CH_2\right]_n$
12 ブタジエンゴム
13 アジピン酸
14 ヘキサメチレンジアミン
15 $\left[N(H)-(CH_2)_6-N(H)-C(=O)-(CH_2)_4-C(=O)\right]_n$
16 ナイロン 66

4 1 a　2 c　3 e　4 b　5 b
6 d

5 1 無機　2 焼結体
3 ファインセラミックス
4 けい石　5 石灰石
6 ソーダ灰（5, 6 は順不同）　7 石灰石
8 粘土　9 けい石（7～9 は順不同）
10 酸化鉄(Ⅲ)

6 1 オ, b　2 キ, e　3 エ, f　4 カ, g
5 ク, h　6 ウ, a　7 ア, d
8 イ, c

7 1 還元　2 製錬　3 炭素
4 水素（3, 4 は順不同）
5 精錬（精製）　6 冶金　7 製銑
8 製鋼　9 コークス
10 石灰石（9, 10 は順不同）　11 スラグ
12 転炉　13 溶錬　14 製銅
15 電解精錬　16 ボーキサイト
17 氷晶石　18 融解塩（溶融塩）
19 ベースメタル　20 レアメタル

8 1 ステンレス鋼　2 黄銅　3 青銅
4 白銅　5 ジュラルミン

9 1 形状記憶合金　2 超硬合金
3 水素吸蔵合金

第15章　生命と化学工業 p. 123～124

1 1 アミノ酸　2 必須アミノ酸
3 ペプチド　4 変性

2 1 c, d　2 a, f　3 b, e　4 b, e, f
5 a　6 c, d　7 b　8 c, d, f

3 1 $C_6H_{12}O_6$　2 $C_{12}H_{22}O_{11}$　3 $(C_6H_{10}O_5)_n$

4 1 グリセリン　2 エステル　3 脂肪
4 脂肪油　5 脂肪酸ナトリウム
6 グリセリン（5, 6 は順不同）　7 けん化
8 セッケン　9 水酸化カリウム
10 mg　11 けん化価　12 分子量
13 g　14 ヨウ素価　15 不飽和
16 乾性油

5 1 $C_{15}H_{31}COONa$　2 $C_3H_5(OH)_3$

6 a ステアリン酸　b オレイン酸
c リノール酸　d パルミチン酸
1 a, d　2 b, c　3 c

7 1 窒素　2 リン
3 カリウム（1～3 は順不同）
4 単肥　5 複合肥料　6 配合肥料
7 化成肥料　8 殺虫剤　9 殺菌剤
10 除草剤

8 1 微生物　2 アルコール　3 有機酸
4 アミノ酸　5 培養　6 無菌的操作
7 培地　8 遺伝子組換え　9 細胞融合
10 生体触媒　11 バイオリアクター

第16章　生活と化学工業 p. 125～126

1 1 界面張力　2 弱　3 強　4 塩基
5 乳濁液　6 疎水（親油）　7 親水
8 ミセル

2 1 a, c　2 b, e　3 d

3 1 染料　2 顔料　3 吸収　4 反射
5 補色　6 発色団　7 助色団

4 1 セルロース　2 機械
3 化学（2, 3 は順不同）　4 古紙
5 低い　6 不透明度　7 リグニン
8 クラフト　9 高い

5 1 半導体　2 真性　3 不純物
4 自由電子　5 n 形　6 正孔
7 p 形　8 化合物

6 1 電気　2 光　3 化合物　4 光
5 電気　6 アモルファスシリコン

7 n形　8 p形　9 p形　10 n形
11 自由電子　12 透明性
13 石英ガラス

第17章　物質の安全な取り扱い p. 127

1 1 中毒　2 急性中毒　3 慢性中毒
4 薬傷

2 1 b　2 c　3 a　4 b　5 a
6 a

3 1 熱　2 光（1，2は順不同）　3 酸化
4 可燃性物質　5 酸素供給源
6 着火源（4～6は順不同）　7 消火
8 引火　9 液温　10 引火点
11 発火（着火）　12 発火点（着火点）

4 略

23(02)